# 市政工程造价与施工技术

阎丽欣　高海燕　刘拴庄　著

黄河水利出版社

·郑州·

**图书在版编目(CIP)数据**

市政工程造价与施工技术 / 阎丽欣,高海燕,刘拴庄著.—郑州：黄河水利出版社,2020.7
ISBN 978-7-5509-2705-6

Ⅰ.①市… Ⅱ.①阎… ②高… ③刘… Ⅲ.①市政工程-工程造价②市政工程-工程施工 Ⅳ.①TU723.3②TU99

中国版本图书馆 CIP 数据核字(2020)第 111150 号

出 版 社:黄河水利出版社　　　　　　　　　　网址:www.yrcp.com
　　地址:河南省郑州市顺河路黄委会综合楼 14 层　　邮政编码:450003
发行单位:黄河水利出版社
　　发行部电话:0371-66026940、66020550、66028024、66022620(传真)
　　E-mail:hhslzbs@ 126. com
承印单位:河南新华印刷集团有限公司
开本:787 mm×1 092 mm　1/16
印张:10.75
字数:248 千字　　　　　　　　　　　　　　　印数:1—1 000
版次:2020 年 7 月第 1 版　　　　　　　　　　印次:2020 年 7 月第 1 次印刷

定价:59.00 元

# 前　言

　　随着当代社会经济的快速发展,对市政工程项目在建设过程中的质量、安全稳定性等提出了更高的要求。特别是在施工阶段,要保证对市政工程项目采取有针对性的措施,实现对造价成本的有效控制,这样才可以实现经济效益的有效增长。市政工程是城市建设水平提升的标志,目的是丰富城市功能、完善城市建设。同时,市政工程有规模较大、造价成本较高的特点,而施工阶段是所有阶段中最重要的阶段,故市政工程的施工人员应从施工阶段入手,从不同方面优化该阶段的造价管理。

　　鉴于此,笔者撰写了《市政工程造价与施工技术》一书。本书针对市政工程造价与施工技术中面临的问题,尝试总结出市政工程造价与施工的基本对策,对进一步加强市政工程造价与施工技术具有重要的理论意义和现实意义。

　　本书共有八章:第一章论述了市政工程造价基本知识,第二章从多元化视角对市政工程定额计价进行了研究,第三章阐述了市政工程量清单计价,第四章对市政道路工程施工技术进行了多维度的探索,第五章论述了市政给水排水工程施工技术,第六章论述了市政桥涵工程施工技术,第七章从多元化视角对市政工程招标投标与合同管理进行了研究,第八章阐述了市政施工技术的实践应用。

　　本书有两大特点:

　　第一,结构严谨,逻辑性强,以市政工程造价与施工技术的研究为主线,对市政工程造价与施工技术所涉及的领域进行了探索。

　　第二,理论与实践紧密结合,对市政工程造价与施工技术提供了理论基础,以便学习者加深对基本理论的理解。

　　由于市政工程造价与施工技术涉及的范围比较广,需要探索的层面比较深,笔者在撰写的过程中难免会存在一定的不足,对一些相关问题的研究不透彻,提出的市政工程造价与施工技术的提升路径也有一定的局限性,恳请前辈、同行以及广大读者斧正。

作　者

2020 年 3 月

# 目 录

# 第一章　市政工程造价基本知识

## 第一节　建设项目与工程造价

### 一、建设项目及其内容构成

#### (一)建设项目的含义

建设项目是指有设计任务,按照一个总体设计进行施工的各个工程项目的总体。建设项目在经济上实行独立核算,在行政上具有独立的组织形式,如一座工厂、一所学校、一条高速公路等。建设项目的工程造价一般由编制设计总概算、设计概算或修正概算来确定。

#### (二)建设项目的构成

建设项目一般根据建设项目规模大小、复杂程度的不同进行分解。为便于分解管理,可将建设项目分解为单项工程、单位工程、分部工程和分项工程等。

(1)单项工程。具有独立的设计文件、独立施工,竣工后可独立发挥特定功能或效益的一组工程项目,称为一个单项工程。一个建设项目既可由一个单项工程也可由若干个单项工程组成。一般情况下,单项工程往往是在使用功能上具有相关性的一组建筑物或构筑物。例如一所学校,包括办公楼、教学楼、实验楼、图书馆、食堂、锅炉房等就构成了一个单项工程,某个城区的立交桥、城市道路等分别是一个单项工程,其造价由编制单项工程综合概预算确定。

(2)单位工程。具备独立的施工条件(单独设计,可独立施工),但不能独立形成生产能力与发挥效益的工程称为单位工程。一般情况下,单位工程是一个单体的建筑物或构筑物,规模较大的单位工程可将其具有独立使用功能的部分作为一个或若干个子单位工程,它是单项工程的组成部分。一个单项工程一般由若干个单位工程所组成。例如,城市道路这个单项工程由道路工程、排水工程、路灯工程等单位工程组成。单位工程造价一般由编制施工图预算(或单位工程设计概算)确定。

(3)分部工程。组成单位工程的若干个分部称为分部工程。分部的划分可依据专业性质或建筑部位的特征而确定。例如,一幢建筑物单位工程,可划分为土建安装工程分部和设备安装工程分部,而土建工程分部又可划分为地基与基础分部、主体结构、建筑装饰装修分部。而主体结构又可分为钢筋混凝土结构、混合结构、钢结构等几个分部。道路工程这个单位工程是由路床整形、道路基层、道路面层、人行道侧缘石及其他分部工程组成的。

(4)分项工程(定额子目)。组成分部工程的若干个施工过程称为分项工程。分项工程一般按工种、材料、施工工艺或设备类别进行划分。它是市政工程的基本构造要素,是工程预算分项中最基本的分项单元。例如,道路基层这个分部工程可以再划分为 10 cm 厚人工铺装碎石底层、10 cm 厚人机配合碎石基层、20 cm 厚人工铺装块石底层等分项工程。钢筋混凝土结构分部工程可分为模板、钢筋、混凝土等几个分项工程。

## 二、建设项目决策阶段的工程造价管理

### (一)建设项目决策的含义

决策是在充分考虑各种可能的前提下,基于对客观规律的认识,对未来实践的方向、目标原则和方法做出决定的过程。建设项目决策是在实施投资活动之前,对投资的各种可行性方案进行分析和对比,从而确定效益好、质量高、回收期短、成本低的最优方案的过程。建设项目决策是选择和决定投资行动方案的过程,是对拟建项目的必要性和可行性进行技术经济论证,对不同建设方案进行技术经济比选及做出判断和决定的过程。建设项目决策需要决定项目是否实施、在什么地方兴建和采用什么技术方案兴建等问题,是对项目投资规模、融资模式、建设区位、场地规划、建设方案、主要设备选择、市场预测等因素进行有针对性的调查研究,多方案择优,最后确立项目(简称立项)的过程❶。建设项目决策是投资行为的准则。正确的项目决策是合理确定与控制工程造价的前提,直接关系到项目投资的经济效益。

### (二)建设项目决策与工程造价的关系

(1)建设项目决策的正确性是工程造价合理性的前提。建设项目决策是否正确直接关系到项目建设的成败。建设项目决策正确,意味着对项目建设做出科学的决断,选出最佳投资行动方案,达到资源合理配置。这样才能合理地估计和计算工程造价,在实施最优决策方案过程中,有效地进行工程造价管理。建设项目决策失误,如对不该建设的项目进行投资建设,或者项目建设地点的选择错误,或者投资方案的确定不合理等,会直接带来人力、物力及财力的浪费,甚至造成不可弥补的损失。在这种情况下,合理地进行工程造价控制已经毫无意义了。因此,要达到项目工程造价的合理性,首先要保证建设项目决策的正确性。

(2)建设项目决策的内容是决定工程造价的基础。工程造价的管理贯穿于项目建设全过程,但决策阶段建设项目规模的确定、建设地点的选择、工艺技术的评选、设备选用等技术经济决策直接关系到项目建设工程造价的高低,对项目的工程造价有重大影响。据有关资料统计,在项目建设各阶段中,投资决策阶段所需投入的费用只占项目总投资的很小比例,但影响工程造价的程度最高,达到 70% ~ 90%。因此,决策阶段是决定工程造价的基础阶段,直接影响着决策阶段之后的各个建设阶段工程造价确定与控制的科学性和合理性。

(3)造价高低、投资多少影响项目决策。在项目的投资决策过程中对建设项目的投资数额进行估计形成的投资估算是进行投资方案选择和项目决策的重要依据之一,同时造价的高低、投资的多少也是决定项目是否可行,以及主管部门进行项目审批的参考依据。因此,采用科学的估算方法和可靠的数据资料,合理地进行投资估算,全面准确地估

---

❶ 张永桃.市政学[M].北京:高等教育出版社,2006.

算建设项目的工程造价是建设项目决策阶段的重要任务。

(4)项目决策的深度影响投资估算的精确度和工程造价的控制效果。投资决策过程分为投资机会研究及项目建议书阶段、可行性研究阶段和详细可行性研究阶段。各阶段由浅入深、不断深化,投资估算的精确度越来越高。在项目建设决策阶段、初步设计阶段、技术设计阶段、施工图设计阶段、工程招标投标及承发包阶段、施工阶段以及竣工验收阶段,通过工程造价的确定与控制,相应形成投资估算、设计概算、修正概算、施工图预算、承包合同价、结算价以及竣工决算。这些造价形式之间为"前者控制后者,后者补充前者",即作为"前者"的决策阶段投资估算对其后各阶段的造价形式都起着制约作用,是限额目标。因此,要加强项目决策的深度,保证各阶段的造价被控制在合理范围,使投资控制目标得以实现。

**(三)建设项目决策阶段影响工程造价的主要因素**

项目工程造价的多少主要取决于项目的建设标准。合理的建设标准能控制工程造价,指导建设投资。建设标准水平定得过高,会脱离我国的实际情况和财力、物力的承受能力,增加造价;建设标准水平定得过低,会妨碍技术进步,影响国民经济的发展和人民生活的改善。因此,建设标准水平,应从我国目前的经济发展水平出发,区别不同地区、不同规模、不同等级、不同功能,合理确定。建设标准包括建设规模、占地面积、工艺装备、建筑标准、配套工程、劳动定员等方面的标准和指标,主要归纳为以下四方面。

**1.项目建设规模**

项目建设规模即项目"生产多少"。每一个建设项目都存在着一个合理规模的选择问题,项目建设规模过小,资源得不到有效配置,单位产品成本较高,经济效益低下;项目建设规模过大,超过了项目产品市场的需求量,导致设备闲置,产品积压或降价销售,项目经济效益也会低下。因此,应选择合理的建设规模以达到规模经济的要求。在确定项目建设规模时,不仅要考虑项目内部各因素之间的数量匹配、能力协调,还要使所有生产力因素共同形成的经济实体(如项目)在规模上大小适应,这样可以合理确定和有效控制工程造价,提高项目的经济效益。项目建设规模合理化的制约因素有市场因素、管理因素和环境因素。

(1)市场因素。是项目建设规模确定中需要考虑的首要因素。其中,项目产品的市场需求状况是确定项目建设规模的前提,一般情况下,项目的建设规模应以市场预测的需求量为限,并根据项目产品市场的长期发展趋势做相应调整。此外,还要考虑原材料市场、资金市场、劳动力市场等,它们也对项目建设规模的选择起到不同程度的制约作用。如项目建设规模过大可能导致材料供应紧张和价格上涨,项目所需投资资金的筹集困难和资金成本上升等。

(2)管理因素。先进的管理水平及技术装备是项目建设规模效益赖以存在的基础,而相应的管理技术水平则是实现规模效益的保证。若与经济规模生产相适宜的先进管理水平及其装备的来源没有保障,或获取技术的成本过高,或管理水平跟不上,则不仅预期的规模效益难以实现,还会给项目的生存和发展带来危机,导致项目投资效益低下,工程支出浪费严重。

(3)环境因素。项目的建设、生产和经营离不开一定的社会经济环境,项目建设规模确定中需要考虑的主要因素有政策因素、燃料动力供应、协作及土地条件、运输及通信条件。其中，政策因素包括产业政策、投资政策、技术经济政策，以及国家地区与行业经济发展规划等。特别是为了取得较好的规模效益，国家对部分行业的新建项目规模做了下线规定，选择项目建设规模时应予以遵照执行。

2.建设地区及建设地点(厂址)的选择

建设地区选择是在几个不同地区之间，对拟建项目适宜配置在哪个区域范围的选择。建设地点选择是在已选定建设地区的基础上，对项目具体坐落位置的选择。

(1)建设地区的选择。建设地区的选择对建设工程造价及建成后的生产成本和经营成本均有直接的影响。建设地区选择的合理与否，在很大程度上决定着拟建项目的命运，影响着工程造价的高低、建设工期的长短、建设质量的好坏，还影响到项目建成后的经营状况。因此，建设地区的选择要充分考虑各种因素的制约。具体来说，首先，建设地区的选择要符合国民经济发展战略规划、国家工业布局总体规划和地区经济发展规划的要求；其次，要根据项目的特点和需要，充分考虑原材料条件、能源条件、水源条件、各地区对项目产品需求及运输条件等；再次，要综合考虑气象、地质、水文等建厂的自然条件；最后，要充分考虑劳动力来源、生活环境、协作、施工力量、风俗文化等社会环境因素的影响。

在综合考虑上述因素的基础上，建设地区的选择还要遵循两个基本原则：靠近原料、燃料提供地和产品消费地的原则；工业项目适当聚集的原则。

(2)建设地点(厂址)的选择。建设地点的选择是一项极为复杂的、技术经济综合性很强的系统工程，它不仅涉及项目建设条件、产品生产要素、生态环境和未来产品销售等重要问题，受社会、政治、经济、国防等多种因素的制约，而且还直接影响到项目建设投资、建设速度和施工条件，以及未来企业的经营管理及所在地点的城乡建设规划和发展。因此，必须从国民经济和社会发展的全局出发，运用系统的观点和方法分析决策。

在对项目的建设地点进行选择的时候应满足以下要求：项目的建设应尽可能节约土地和少占耕地，尽量把厂址建在荒地和不可耕种的地点，避免大量占用耕地，节约土地的补偿费用；减少拆迁移民；应尽量选在工程地质、水文地质条件较好的地段，土壤耐压力应满足工厂的要求，严禁选在断层、熔岩、流沙层与有用矿床上，以及洪水淹没区、已采矿坑塌陷区、滑坡区，厂址的地下水位应尽可能低于地下建筑物的基准面；要有利于厂区合理布置和安全运行，厂区土地面积与外形能满足厂房与各种结构物的需要，并适合于按科学的工艺流程布置厂房与构筑物，厂区地形力求平坦而略有坡度(一般以 5% ~ 10% 为宜)，以减少平整土地的土方工程量，节约投资，又便于地面排水；尽量靠近交通运输条件和水电等供应条件好的地方，应靠近铁路、公路、水路，以缩短运输距离，便于供电、供热和其他协作条件的取得，减少建设投资；应尽量减少对环境的污染。对于排放大量有害气体和烟尘的项目，不能建在城市的上风口，以免对整个城市造成污染，对于噪声大的项目，厂址应选在距离居民集中地区较远的地方，同时要设置一定宽度的绿化带，以减弱噪声的干扰。在选择建设地点时，除考虑上述条件外，还应从以下两方面费用进行分析：项目投资费用，包括土地征收费、拆迁补偿费、土石方工程费、运输设施费、排水及污水处理设施费、动力设施费、生活设施费、临时设施费，建材运输费等；项目投产后生产经营费用，包括原材料、燃料运入及产品运出费用，给水、排水、污水处理费用，动力供应费用等。

3.技术方案

技术方案指产品生产所采用的工艺流程方案和生产方法。工艺流程是从原料到产品的全部工序的生产过程,在可行性研究阶段就得确定工艺方案或工艺流程,随后各项设计都是围绕工艺流程展开的。技术方案不仅影响项目的建设成本,也影响项目建成后的运营成本。选定不同的工艺流程方案和生产方法,造价也会不同,项目建成后生产成本与经济效益也不同。因此,技术方案是否合理直接关系到企业建成后的经济利益,必须认真选择和确定。技术方案的选择应遵循先进适用、安全可靠和经济合理的基本原则。

4.设备方案

技术方案确定后,就要根据生产规模和工艺流程的要求,选择设备的种类、型号和数量。设备方案的选择应注意以下几个问题:设备应与确定的建设规模、产品方案和技术方案相适应,并满足项目投产后生产或使用的要求;主要设备之间、主要设备与辅助设备之间能力要相互匹配;设备应质量可靠、性能成熟,保证生产和产品质量稳定;在保证设备性能的前提下,力求经济合理;尽量选用维修方便、运用性和灵活性强的设备;选择的设备应符合政府部门或专门机构发布的技术标准要求。要尽量选用国产设备;只引进关键设备就能在国内配套使用的,就不必成套引进;要注意进口设备之间以及国内外设备之间的衔接配套问题;要注意进口设备与原有国产设备、厂房之间的配套问题;要注意进口设备与原材料、备品备件及维修能力之间的配套问题。

## 三、建设项目设计阶段的工程造价管理

### (一)工程设计含义、阶段划分及程序

1.工程设计的含义

工程设计是指在工程开始施工之前,设计者根据已批准的设计任务书,为具体实现拟建项目的技术、经济要求,拟定建筑、安装及设备制造等所需的规划、图纸、数据等技术文件的工作。设计阶段是建设项目由计划变为现实的具有决定意义的工作阶段。设计文件是建筑安装施工的依据,拟建工程在建设过程中能否保证进度、保证质量和节约投资,很大程度上取决于设计质量的优劣。工程建成后,能否获得满意的经济效果,除项目决策外,设计工作起着决定性作用。

2.工程设计的阶段划分

为保证工程建设和设计工作有机地配合和衔接,将工程设计分为几个阶段。根据国家有关文件的规定,一般工业项目可分为初步设计和施工图设计两个阶段进行,称为"两阶段设计";对于技术复杂、设计难度大的项目,可按初步设计、技术设计和施工图设计三个阶段进行,称为"三阶段设计"。小型工程建设项目,技术上简单的,经项目主管部门同意可以简化施工图设计;大型复杂建设项目,除按规定分阶段进行设计外,还应该进行总体规划设计或总体设计。

民用建筑项目一般分为方案设计、初步设计和施工图设计三个阶段。对于技术上简单的民用建筑工程,经有关部门同意,并且合同中有可不做技术设计的约定的,可在方案设计审批后直接进入施工图设计。

3.工程设计程序

设计工作的重要原则之一是保证设计的整体性,因此设计必须按以下程序分阶段进行:

(1)设计准备。首先要了解并掌握项目各种有关的外部条件和客观情况,包括自然条件,城市规划对建设物的要求,基础设施状况,业主对工程的要求,对工程经济估算的依据,所能提供的资金、材料、施工技术和装备等,以及可能影响工程的其他客观因素。

(2)初步方案。设计者对工程主要内容的安排有个大概的布局设想,然后要考虑工程与周围环境之间的关系。在这一阶段,设计者应同使用者和规划部门充分交换意见,最后使自己的设计符合规划的要求,取得规划部门的同意,与周围环境有机融为一体。对于不太复杂的工程,这一阶段可以省略,把有关的工作并入初步设计阶段。

(3)初步设计。这是设计过程中的一个关键性阶段,也是整个设计构思基本形成的阶段。此阶段应根据批准的可行性研究报告和可靠的设计基础资料进行编制,综合考虑建筑功能、技术条件、建筑形象及经济合理性等因素提出设计方案,并进行方案的比较和优选,确定较为理想的方案。初步设计阶段包括总平面设计、工艺设计和建筑设计三部分。在初步设计阶段应编制设计概算。

(4)技术设计。这是初步设计的具体化,也是各种技术问题的定案阶段。技术设计的详细程度应能满足确定设计方案中重大技术问题和有关试验、设备选择等方面的要求,应能保证根据它可编制施工图和提出设备订货明细表。技术设计应根据批准的初步设计文件进行编制,并解决初步设计尚未完全解决的具体技术问题。如果对初步设计阶段所确定的方案有所更改,应对更改部分编制修正概算书。经批准后的技术图纸和说明书即为编制施工图、主要材料设备订货及工程拨款的依据文件。

(5)施工图设计。这一阶段主要是通过图纸,把设计的意图和全部设计结果表达出来,解决施工中的技术措施、用料及具体做法,作为工人施工制作的依据。施工图设计的深度应能满足设备和材料的选择与确定、非标准设备的设计与加工制作、施工图预算的编制、建筑工程施工和安装的要求。此阶段应编制施工图预算工程造价控制文件。

(6)设计交底和配合施工。施工图发出后,根据现场需要,设计单位应派人到施工现场,与建设单位、施工单位共同会审施工图,进行技术交底,介绍设计意图和技术要求,修改不符合实际和有错误的图纸,参加试运转和竣工验收,解决试运转过程中的各种技术问题,并检验设计的正确性和完善程度。

为确保固定资产投资及计划的顺利完成,在各个设计阶段编制相应工程造价控制文件时要注意技术设计阶段的修正设计概算应低于初步设计阶段的设计概算,施工图设计阶段的施工图预算应低于技术设计阶段的修正设计概算,各阶段逐步由粗到细确定工程造价,经过分段审批,层层控制工程造价,以保证建设工程造价不突破批准的投资限额。

**(二)设计阶段影响工程造价的因素**

不同类型的建筑,使用目的及功能要求不同,影响设计方案的因素也不相同。工业建筑设计是由总平面设计、工艺设计及建筑设计三部分组成的,它们之间相互关联和制约,因此影响工业建筑设计的因素从以上三部分考虑才能保证总设计方案经济合理。各部分设计方案侧重点不同,影响因素也略有差异。

民用建筑项目设计是根据建筑物的使用功能要求,确定建筑标准、结构形式、建筑物空间与平面布置以及建筑群体的配置等。

1.总平面设计

总平面设计是指总图运输设计和总平面配置。主要包括厂址方案、占地面积和土地利用情况,总图运输、主要建筑物和构筑物及公用设施的配置,水、电、气及其他外部协作条件等。

总平面设计是否合理对于整个设计方案的经济合理性有重大影响。正确合理的总平面设计可以大大减少建筑工程量,节约建设用地,节省建设投资,降低工程造价和项目运行后的使用成本,加快建设进度,可以为企业创造良好的生产组织条件、经营条件和生产环境,还可以为城市建设和工业区创造完美的建筑艺术整体。

总平面设计中影响工程造价的因素有以下几方面:

(1)占地面积。占地面积的大小一方面影响征地费用的高低,另一方面影响管线布置成本及项目建成后运营的运输成本。因此,要注意节约用地,不占或少占农田,同时还要满足生产工艺过程的要求,适应建设地点的气候、地形、工程水文地质等自然条件。

(2)功能分区。无论是工业建筑还是民用建筑都由许多功能组成,这些功能之间相互联系和制约。合理的功能分区既可以使建筑物各项功能充分发挥,又可以使总平面布置紧凑、安全,避免大挖大填,减少土石方量和节约用地,还能使生产工艺流程顺畅,运输简便,降低造价和项目建成后的运营费用。

(3)运输方式。不同运输方式的运输效率及成本不同。有轨运输运量大,运输安全,但需要一次性投入大量资金;无轨运输无须一次性大规模投资,但是运量小,运输安全性较差。应合理组织场内外运输,选择方便经济的运输设施和合理的运输路线。从降低工程造价角度看,应尽可能选择无轨运输,但若考虑项目运营的需要,如果运量较大,则有轨运输往往比无轨运输成本低。

2.工艺设计

一般来说,先进的技术方案所需投资较大,劳动生产率较高,产品质量好。选择工艺技术方案时,应认真进行经济分析,根据我国国情和企业的经济与技术实力,以提高投资的经济效益和企业投产后的运营效益为前提,积极稳妥地采用先进的技术方案和成熟的新技术、新工艺,确定先进适度、经济合理、切实可行的工艺技术方案。

主要设备方案应与拟选的建设规模和生产工艺相适应,满足投产后生产的要求。设备质量、性能成熟,以保证生产的稳定和产品质量。设备选择应在保证质量、性能的前提下,力求经济合理。主要设备之间、主要设备与辅助设备之间的能力相互配套。选用设备时,应符合国家和有关部门颁布的相关技术标准要求。

3.建筑设计

建筑设计部分,要在考虑施工过程合理组织和施工条件的基础上,决定工程的立体平面设计和结构方案的工艺要求、建筑物和构筑物及公用辅助设施的设计标准,提出建筑工艺方案、暖气通风、给水排水等问题简要说明。在建筑设计阶段影响工程造价的主要因素有以下几方面:

(1)平面形状。一般来说,建筑物平面形状越简单,其单位面积造价越低。不规则建筑物将导致室外工程、排水工程、砌砖工程及屋面工程等复杂化,从而增加工程费用。一般情况下,建筑物周长与面积的比值K(单位建筑面积所占外墙长度)越低,设计越经济。K值按圆形、正方形、矩形、T形、L形的次序依次增大。所以,建筑物平面形状的设计应在满足建筑物功能要求的前提下,降低建筑物周长与建筑面积之比,实现建筑物寿命周期成本最低的要求。除考虑到造价因素外,还应注意到美观、采光和使用要求方面的影响。

(2)流通空间。建筑物的经济平面布置的主要目标之一是在满足建筑物使用要求的前提下,将流通空间(门厅、过道、走廊、楼梯及电梯井等)减少到最小。但是造价不是检验设计是否合理的唯一标准,其他如美观和功能质量的要求也是非常重要的。

(3)层高。在建筑面积不变的情况下,层高增加会引起各项费用的增加。如墙体及有关粉刷、装饰费用提高;体积增加导致供暖费用增加等。

# 第二节　市政工程计价方法与程序

工程计价是指在定额计价模式下或在工程量清单计价模式下,按照规定的费用计算程序,根据相应的定额,结合人工、材料、机械市场价格,经计算预测或确定工程造价的活动。市政工程计价活动包括编制施工图预算、招标标底、投标报价和签订施工合同价,以及确定工程竣工结算等内容。

计价模式不同,工程造价的费用计算程序不同;建设项目所处的阶段不同,工程计价的具体内容、计价方法、计价要求也不同。建设工程计价模式分为定额计价模式和工程量清单计价模式两种。定额计价模式采用工料单价法,工程量清单计价模式采用综合单价法。在定额计价模式下,建设工程造价的确定是以国家或地区所发布的预算定额为核心,最后所确定的工程造价实际上是社会信息平均价。在工程量清单计价模式下,建设工程造价的确定是以企业定额为核心,最后所确定的工程造价是企业自主价格。这一模式在极大程度上体现了市场竞争机制。工程量清单计价均采用综合单价形式。在综合单价中包含了人工费、材料费、机械使用费、管理费、利润等。其不同于定额计价模式,先有定额直接费表,再有材料差表,之后有独立费表,最后在计费程序表中才知道工程造价。对比之下,工程量清单计价显得简单明了,更加适合于工程招标投标。

## 一、定额计价法的编制程序

定额计价法是以某种定额(消耗量定额、预算定额)计算规则的规定计算工程量的方法,即通常所说的概预算方法,是依据某种定额对工程进行估算、概算、预算、结算的方法。定额计价是指建设工程造价由定额直接费、间接费、利润、税金所组成的计价方式。其中,定额直接费是套取国家或地区预算定额求得,再以定额直接费为基础乘以费用定额的相应费率加上材料差价等,最终确定工程造价。

**(一)编制依据**

(1)经有关部门批准的市政工程建设项目的审批文件和设计文件。

(2)施工图纸是编制预算的主要依据。

(3)经批准的初步设计概算书为工程投资的最高限价,不得任意突破。

（4）经有关部门批准颁发执行的市政工程预算定额、单位估价表、机械台班费用、设备材料预算价格、间接费定额以及有关费用规定的文件。

（5）经批准的施工组织设计和施工方案及技术措施等。

（6）有关标准定型图集、建筑材料手册及预算手册。

（7）国务院有关部门颁发的专用定额和地区规定的其他各类建设费用取费标准。

（8）有关市政工程的施工技术验收规范和操作规程等。

（9）招标投标文件和工程承包合同或协议书。

（10）市政工程预算编制办法及动态管理办法。

**（二）定额计价法的编制规定**

（1）直接工程费中的人工、材料、机械台班价格，除国有资金投资或以国有资金投资为主的建设工程招标标底使用省统一发布的信息价外，其余工程均可由投标人根据拟建工程实际、市场状况及工程情况自主确定或执行发、承包双方约定的单价。

（2）参照定额规定计取的措施费是指市政工程消耗量定额中列有相应子目或规定有计算方法的措施项目费用，例如混凝土、钢筋混凝土模板及支架、脚手架费等（本类中的措施费有些要结合施工组织设计或技术方案计算）。

（3）参照省发布费率计取的措施费是指按省建设厅主管部门根据市场情况和多数企业经营管理情况、技术水平测算发布了参考费率的措施项目费。包括环境保护费，文明施工、临时设施、夜间施工及冬雨期施工增加费，场地清理费等。

（4）按施工组织设计（方案）计取的措施费是指承包人（投标人）按经批准的（投标的）施工组织设计（技术方案）计算的措施项目费，例如大型机械进出场及安拆费，施工排水、降水费用等。

（5）参照定额规定计取的措施费和按施工组织设计（方案）计取的措施费中的人工、材料、机械台班价格按第（1）条规定。

（6）措施费中的人机费（RJ2）是指按省价中人机单价计算的人机费与省发布费率及规定计取的人机费之和。参照省发布费率及规定计取的人机费：施工因素增加费为94%，其余为45%（总承包服务费不考虑）。

（7）企业投标报价时，计算程序中除规费和税金的费率，均可按费用组成及计算方法自主确定，但环境保护费、文明施工费、临时设施费的费率不得低于省颁布费率的92%；也可参照省发布的参考费率计价。

**（三）定额计价的缺陷**

在定额计价模式下，政府是制定工程造价的主体。它限定不同级别的施工企业在计取造价时必须执行同一种标准的"定额直接费"或"定额人工费"，业主只能处于从属地位，不能自主定价，只能按照政府的"取费标准"计算。其所产生的弊端如下：

（1）反映不出建设先后顺序、主从关系和资金使用的时间、空间的秩序，只是单纯从会计的角度规定我国工程造价的构成，体现不出工程造价管理的清晰思路，实施起来容易混淆。

（2）不能体现出建筑产品优质优价的原则。业主总是希望工程质量好，价格低，然而建造高质量的工程比建造普通合理的工程投入要大。目前，允许双方在自愿的原则下收取优良工程补偿费,但是如果一方不同意,所投入的费用就不能收回。

(3)不利于招标工作的展开。现行的工程造价计算复杂,耗时费工,不仅要套用"定额直接费",还要计算材料价差及套用定额收取管理费等。从理论上讲,一样的图纸套用一样的定额,按一样的信息价计算,所得的结果应该是一样的❶。但是由于操作人员理解不同,水平有差异,往往得出的结果有很大差异,使得招标工作考察的并不是企业的综合能力,而是考核预算员的理解能力和运气,谁做的工程预算跟标底碰上了,谁中标的可能性就大,明显的不公平、不合理。

## 二、工程量清单计价的编制程序

工程量清单是表现拟建工程的分部分项项目、措施项目、其他项目名称和相应数量的明细清单,由招标人按照《建设工程工程量清单计价规范》(GB 50500—2013)(简称《计价规范》)附录中统一的项目编码、项目名称、计量单位和工程量计算规则进行编码,包括分部分项工程量清单、措施项目清单、其他项目清单、规费项目清单、税金项目清单。工程量清单计价是指投标人完成由招标人提供的工程量清单所需的全部费用,包括分部分项工程费、措施项目费、其他项目费、规费和税金。

### (一) 编制依据

(1)工程量清单。工程量清单是计算分项工程量清单费、措施项目费、其他项目费的依据。工程量清单应由具有编制招标文件能力的招标人或受其委托具有相应资质的中介机构进行编制。

(2)建设工程工程量清单计价规范。建设工程工程量清单计价规范是编制综合单价、计算各项费用的依据。

(3)施工图。施工图是计算计价工程量,确定分部分项清单项目综合单价的依据。

(4)消耗量定额。消耗量定额是计算分部分项工程消耗量,确定综合单价的依据。

(5)工料机单价。人工单价、材料单价、机械台班单价是编制综合单价的依据。

(6)税率及各项费率。税率是税金计算的基础,规费费率是计算各项规费的依据,有关费率是计算文明施工费等各项措施费的依据。

### (二) 清单计价的编制内容

(1)计算计价工程量。根据选用的消耗量定额和清单工程量、施工图计算计价工程量。

(2)套用消耗量定额、计算工料机消耗量。计价工程量计算完后再套用消耗量定额计算工料机消耗量。

(3)计算综合单价。根据分析出的工料机消耗量和确定的工料机单价以及管理费费率、利润率计算分部分项的综合单价。

(4)计算分部分项工程量清单费。根据分部分项清单和综合单价计算分部分项工程量清单费。

(5)计算措施项目费。根据措施项目清单和企业自身的情况自主计算措施项目费。

---

❶ 张旭霞.市政学[M].北京:对外经济贸易大学出版社,2006.

(6)计算其他项目费。根据其他项目清单和有关条件计算其他项目费。

(7)计算规费。根据政府主管部门规定的文件计算有关规费。

(8)计算税金。根据国家规定的税金计取办法计算税金。

(9)工程量清单报价。将上述计算出的分部分项工程量清单费、措施项目费、其他项目费、规费、税金汇总为工程量清单报价。

### 三、工程量清单计价法与定额计价法的区别和联系

#### (一)两者的区别

**1.适用范围不同**

全部采用国有投资或以国有投资为主的建设工程项目必须实行工程量清单计价。除此外的工程,既可以采用工程量清单计价模式,也可以采用定额计价模式。

**2.采用的计价方法不同**

定额计价模式一般采用工料单价法计价。按定额计价时,单位工程造价由直接工程费、间接费、利润、税金构成,计价时先计算直接费,再以直接费(或其中的人工费)为基数计算各项费用、利润、税金,汇总为单位工程造价。

工程量清单计价时采用综合单价法计价,造价由工程量清单费用( Σ清单工程量×项目综合单价)、措施项目清单费用、其他项目清单费用、规费、税金五部分构成,做这种划分的考虑是将施工过程中的实体性消耗和措施性消耗分开。对于措施性消耗费用只列出项目名称,由投标人根据招标文件要求和施工现场情况、施工方案自行确定,以体现出以施工方案为基础的造价竞争;对于实体性消耗费用,则列出具体的工程数量,投标人要报出每个清单项目的综合单价。工程量清单计价是投标人依据企业自身的管理能力、技术装备水平和市场行情自主报价,其所报的工程造价实际上是社会平均价。

**3.分项工程单价构成不同**

定额计价时分项工程的单价是工料单价,即只包括人工费、材料费、机械使用费;工程量清单计价时,分项工程单价一般为综合单价,除了包括人工费、材料费、机械使用费,还要包括管理费(现场管理费和企业管理费)、利润和必要的风险费。采用综合单价便于工程款支付、工程造价的调整和工程结算,也避免了因为"取费"产生的一些无谓纠纷。综合单价中的直接费、费用、利润由投标人根据本企业实际支出及利润预期、投标策略确定,是施工企业实际成本费用的反映,是工程的个别价格。综合单价的报出是一个个别计价、市场竞争的过程。

**4.项目划分不同**

按工程量清单计价的工程项目划分即预算定额中的项目划分,一般土建定额有几千个项目,其划分原则是按工程的不同部位、不同材料、不同工艺、不同施工机械、不同施工方法和材料规格型号,划分得十分详细。定额计价的项目一般一个项目只包括一项工程内容。如"混凝土管道铺设"清单项目包括了管道垫层、基础、管座、接口、管道铺设、闭水试验等多项工程内容,而"混凝土管道铺设"定额项目只包括了管道铺设这一项工程内容。

工程量清单计价的工程项目划分较之定额项目的划分有较大的综合性,新规范中土

建工程只有177个项目,它考虑工程部位、材料、工艺特征,但不考虑具体的施工方法或措施,如人工或机械、机械的不同型号等,同时对于同一项目不再按阶段或过程分为几项,而是综合到一起,如混凝土,可以将同一项目的搅拌(制作)、运输、安装、接头灌缝等综合为一项,门窗也可以将制作、运输、安装、刷油、五金等综合到一起,这样能够减少原来定额对施工企业工艺方法选择的限制,报价时有更多的自主性。工程量清单中的"量"应该是综合的工程量,而不是按定额计算的"预算工程量"。综合的工程量有利于企业自主选择施工方法并以之为基础竞价,也能使企业摆脱对定额的依赖,建立起企业内部报价及管理的定额和价格体系。

工程量清单计价项目基本以一个"综合实体"考虑,一般一个项目包括多项工程内容。

5.计价依据不同

计价依据是按工程量清单计价和按定额计价的最根本区别。按定额计价的唯一依据就是定额,而按工程量清单计价的主要依据是企业定额,包括企业生产要素消耗量标准、材料价格、施工机械配备及管理状况、各项管理费支出标准等。目前,多数企业没有企业定额,但随着工程量清单计价形式的推广和报价实践的增加,企业将逐步建立起自身的定额和相应的项目单价,当企业都能根据自身状况和市场供求关系报出综合单价时,企业自主报价、市场竞争(通过招标投标)定价的计价格局也将形成,这也正是工程量清单所要促成的目标。工程量清单计价的本质是要改变政府定价模式,建立起市场形成造价机制,只有计价依据个别化,这一目标才能实现。

6.工程量计算规则不同

工程量清单计价模式下工程量计算规则必须按照《计价规范》执行,全国统一定额计价模式下工程量计算规则由一个地区(省、自治区、直辖市)制定,在本区域内统一。

7.计量单位不同

工程量清单计价,清单项目是按基本单位(如m、kg、t等)计量的。工程定额计价,计量单位可以不采用基本单位。基础定额中的计量单位除基本计量单位外有时出现不规范的复合单位,如100 m³、100 m²、10 m、100 kg等。但是大部分计量单位与相应定额子项的计量单位一致。不一致的例如:土(石)方工程中"计价规范"项目名称为"挖土方",计量单位为"m³";"预算定额"项目名称为"人工挖土方",计量单位为"100 m³"。

8.采用的消耗量标准不同

定额计价模式下,投标人计价时采用统一的消耗量定额,其消耗量标准反映的是社会平均水平,是静态的。

工程量清单计价模式下,投标人可以采用自己的企业定额,其消耗量标准体现的是投标人个体的水平,是动态的。

9.反映的成本价不同

工程定额计价,反映的是社会平均成本。工程量清单计价,反映的是个别成本。

10.结算的要求不同

工程定额计价,结算时按定额规定工料单价计价,往往调整内容较多,容易引起纠纷。工程量清单计价,是结算时按合同中事先约定综合单价的规定执行,综合单价基本上是包死的。

11.风险分担不同

定额计价模式下,工程量由各投标人自行计算,故工程量计算风险和单价风险均由投标人承担。所有的风险在不可预见费中考虑;结算时,按合同约定,可以调整。可以说招标人没有风险,不利于控制工程造价。

工程量清单计价模式下,风险由招标人与投标人合理分担。招标人承担工程量计算风险,招标人在计算工程量时要准确,从而有利于控制工程造价。投标人承担单价风险,对自己所报的成本、综合单价负责,还要考虑各种风险对价格的影响,综合单价一经合同确定,结算时不可以调整(除工程量有变化),且对工程量的变更或计算错误不负责任。

**(二) 两者的联系**

定额计价模式在我国已使用多年,也具有一定的科学性和实用性。为了与国际接轨,我国于 2003 年开始推行工程量清单计价模式。由于工程量清单计价模式实施后,大部分施工企业还没有建立和拥有自己的企业定额体系,因而建设行政主管部门发布的定额,尤其是当地的消耗量定额,仍然是企业投标报价的主要依据。也就是说,工程量清单计价活动中,存在部分定额计价的成分,工程量清单计价方式占据主导地位,定额计价方式是一种补充方式。

# 第三节 市政工程造价构成

一、定额计价模式下工程费用的构成

**(一) 直接费**

直接费由直接工程费和措施费组成。

1.直接工程费

直接工程费是指施工过程中耗费的构成工程实体的各项费用,包括人工费、材料费、施工机械使用费。

(1)人工费。指直接从事建筑安装工程施工的生产工人开支的各项费用,内容如下:①基本工资:指发放给生产工人的基本工资。②工资性补贴:指按规定标准发放的物价补贴,煤、燃气补贴,交通补贴,住房补贴,流动施工补贴等。③生产工人辅助工资:指生产工人有效施工天数以外非作业天数的工资,包括职工学习、培训期间的工资,调动工作、探亲、休假期间的工资,因气候影响的停工工资,工人哺乳时期的工资,假期在 6 个月以内的工资,产、婚、丧假期的工资。④职工福利费:指按规定标准计提的职工福利费。⑤生产工人劳动保护费:指按规定标准发放的劳动保护用品的购置费及修理费,徒工服装补贴,防暑降温费,在有碍身体健康环境中施工的保健费用等。

(2)材料费。指施工过程中耗费的构成工程实体的原材料、辅助材料、构配件、零件、半成品的费用,内容如下:①材料原价(供应价格)。②材料运杂费:指材料自来源地运至工地仓库或指定堆放地点所需要的全部费用。③运输损耗费:指材料在运输装卸过程中不可避免的损耗。④采购及保管费:指为组织采购、供应和保管材料过程中所需要的各项费用,包括采购费、仓储费、工地保管费、仓储损耗费。⑤检验试验费:指对建筑材料、构件和建筑安装物进行一般的鉴定、检查所需要的费用,包括自设试验室进行试验所耗用的材料和化学药品等费用,不包括新结构、新材料的试验费和建设单位对具有出厂合格证明的材料进行检验,对构件做破坏性试验及其他特殊要求检验试验的费用。

（3）施工机械使用费。指施工机械作业所发生的机械使用费、机械安拆费和场外运费。机械台班单价由下列7项费用组成:①折旧费:指施工机械在规定的使用年限内,陆续收回其原值及购置资金的时间价值。②大修理费:指施工机械按规定的大修理间隔台班进行必要的大修理,以恢复其正常功能所需的费用。③经常修理费:指施工机械除大修理外的各级保养和临时故障排除所需的费用,包括为保障机械正常运转所需替换设备与随机配备工具附具的摊销和维护费用,机械运转中日常保养所需润滑与擦拭的材料费用及机械停滞期间的维护和保养费用。④安拆费及场外运费:安拆费是指施工机械在现场进行安装与拆卸所需的人工费、材料费、机械费和试运转费,以及机械辅助设施的折旧、搭设、拆除等费用。场外运费是指施工机械整体或分体自停放地点运至施工现场或由一施工地点运至另一施工地点的运输、装卸、辅助材料及架线等费用。⑤人工费:指机上司机(司炉)和其他操作人员的工作日人工费及上述人员在施工机械规定的年工作台班以外的人工费。⑥燃料动力费:指施工机械在运转作业中所消耗的固体燃料(煤、木柴)、液体燃料(汽油、柴油)及水、电等费用。⑦养路费及车船使用税:指施工机械按照国家规定和有关部门规定应缴纳的养路费、车船使用税、保险费、年检费等。

2.措施费

措施费是指为完成工程项目施工,发生于该工程施工前和施工过程中非工程实体项目的费用。内容如下:

（1）环境保护费。指施工现场为达到环保部门要求所需要的各项费用。

（2）文明施工费。指施工现场文明施工所需要的各项费用。

（3）安全施工费。指施工现场安全施工所需要的各项费用。

（4）临时设施费。指施工企业为进行建筑工程施工所必须搭设的生活和生产用的临时建筑物、构筑物和其他临时设施所需要的费用。

临时设施包括临时宿舍、文化福利及公用事业房屋与构筑物,仓库、办公室、加工厂以及规定范围内道路、水、电、管线等临时设施和小型临时设施。

临时设施费包括临时设施的搭设、维修、拆除费或摊销费。

（5）夜间施工费。指因夜间施工所发生的夜班补助、夜间施工降效、夜间施工照明设备摊销及照明用电等费用。

（6）二次搬运费。指因施工场地狭小等特殊情况而发生的一次搬运费用。

（7）大型机械设备进出场及安拆费:指机械整体或分体自停放地点运至施工现场或由一施工地点运至另一施工地点,所发生的机械进出场运输及转移费用,以及机械在施工现场进行安装、拆卸所需的人工费、材料费、机械费、试运转费和安装所需的辅助设施的费用。

（8）混凝土、钢筋混凝土模板及支架费。指混凝土施工过程中需要的各种钢模板、木模板、支架等的支、拆、运输费用及模板、支架的摊销(或租赁)费用。

（9）脚手架费。指施工需要的各种脚手架搭、拆、运输费用及脚手架的摊销（或租赁）费用。

（10）已完工程及设备保护费。指竣工验收前，对已完工程及设备进行保护所需的费用。

（11）施工排水、降水费。指为确保工程在正常条件下施工，采取各种排水、降水措施所发生的各种费用。

**（二）间接费**

间接费由规费和企业管理费组成。

1.规费

规费是指政府和有关权力部门规定必须缴纳的费用，包括以下几个方面：

（1）工程排污费。指施工现场按规定缴纳的工程排污费❶。

（2）工程定额测定费。指按规定支付工程造价（定额）管理部门的定额测定费。

（3）社会保障费：①养老保险费，指企业按规定标准为职工缴纳的基本养老保险费。②失业保险费，指企业按国家规定标准为职工缴纳的失业保险费。③医疗保险费，指企业按规定标准为职工缴纳的基本医疗保险费。

（4）住房公积金。指企业按规定标准为职工缴纳的住房公积金。

（5）危险作业意外伤害保险。指按照建筑法规定，企业为从事危险作业的建筑安装施工人员支付的意外伤害保险费。

2.企业管理费

企业管理费是指建筑安装企业组织施工生产和经营管理所需的费用，内容如下：

（1）企业管理人员工资。指管理人员的基本工资、工资性补贴、职工福利费、劳动保护费等。

（2）办公费。指企业管理办公用的文具、纸张、账表、印刷、邮电、书报、会议、水电、烧水和集体取暖（包括现场临时设施取暖）用煤等费用。

（3）差旅交通费。指职工因公出差、调动工作的差旅费，住勤补助费，市内交通费和午餐补助费，职工探亲路费，劳动力招募费，职工离退休、退职一次性路费，工伤人员就医路费，工地转移费，以及管理部门使用的交通工具的油料、燃料、养路费及牌照费。

（4）固定资产使用费。指管理和试验部门及附属生产单位使用的属于固定资产的房屋、设备仪器等的折时、大修、维修或租赁等费用。

（5）工具用具使用费。指管理使用的不属于固定资产的生产工具、器具、家具、交通工具和检验、试验、测绘、消防用具等的购置、维修和摊销等费用。

（6）劳动保险费。指企业支付离退休职工的易地安家补助费、职工退休金、6个月以上的病假人员工资、职工残废丧葬补助费、抚恤费、按规定支付给离休干部的各项经费。

（7）工会经费。指企业按职工工资总额计提的工会经费。

（8）职工教育经费。指企业为职工学习先进技术和提高文化水平，按职工工资总额计提的费用。

---

❶ 牛冬杰，秦风，赵由才.市容环境卫生管理[M].北京:化学工业出版社,2006.

(9) 财产保险费。指施工管理用财产、车辆等的保险费用。

(10) 财务费。指企业为筹集资金而发生的各种费用。

(11) 税金。指企业按规定缴纳的房产税、车船使用税、土地使用税、印花税等。

(12) 其他。包括技术转让费、技术开发费、业务招待费、绿化费、广告费、公证费、法律顾问费、审计费、咨询费等。

### (三) 利润

利润是指施工企业完成的承包工程获得的盈利。

### (四) 税金

税金是指国家税法规定的应计入建筑安装工程造价内的营业税、城市维护建设税及教育费附加税等。

## 二、清单计价模式下工程费用的构成

### (一) 分部分项工程费

综合单价是指完成工程量清单中一个规定计量单位项目所需的人工费、材料费、机械使用费、管理费和利润,并考虑风险因素。

(1) 人工费 = 综合工日定额 × 人工工日单价。

(2) 材料费 = 材料消耗定额 × 材料单价。

(3) 机械使用费 = 机械台班定额 × 机械台班单价。

(4) 管理费 = (人工费 + 材料费 + 机械使用费) × 相应管理费费率。

(5) 利润 = (人工费 + 材料费 + 机械使用费) × 相应利润率。

综合工日定额、材料消耗定额及机械台班定额,对于市政工程从《全国统一市政工程预算定额》(GYD—301～309) 中查取。

人工工日单价由当地当时物价管理部门、建设工程管理部门等制定。现时人工工日单价为 20～40 元。

材料单价可从"地区建筑材料预算价格表"中查取,或按照当地当时的材料零售价格。机械台班单价可从《全国统一施工机械台班费用编制规则》(2001) 中查取。

### (二) 措施项目费

#### 1. 通用措施项目

(1) 环境保护计价。指工程项目在施工过程中,为保护周围环境,而采取防噪声、防污染等措施而发生的费用。环境保护计价一般是先估算,待竣工结算时,再按实际支出费用结算。

(2) 文明施工计价。指工程项目在施工过程中,为达到上级管理部门所颁布的文明施工条例的要求而发生的费用。文明施工计价一般是估算的,占分部分项工程的人工费、材料费、机械使用费总和的 0.8% 左右。

(3) 安全施工计价。指工程项目在施工过程中,为保障施工人员的人身安全,采取的劳保措施而发生的费用。安全施工计价一般是根据以往施工经验、施工人员数、施工工期等因素估算的,占分部分项工程的人工费、材料费、机械使用费总和的 0.1%～0.8%。

(4) 临时设施计价。指施工企业为满足工程项目施工所必需而用于建造生活和生产用的临时建筑物、构筑物等发生的费用,包括临时设施的搭设费、维修费、拆除费或摊销费。

临时设施计价一般取分部分项工程的人工费、材料费、机械使用费总和的3.28%。若使用业主的房屋作为临时设施,则该临时设施计价应酌情降低。

(5)夜间施工计价。指工程项目在夜间进行施工而增加的人工费。夜间施工的人工费不应超过白天施工的人工费的2倍,并计取管理费和利润。夜间施工计价若需要,可预先估算,待竣工时,凭签证按实结算。

夜间施工是指当日晚上10时至次日早晨6时这一期间内施工。

(6)二次搬运计价。指材料、半成品等一次搬运没有到位,需要二次搬运到位而产生的运输费用,包括人工费及机械使用费。

二次搬运计价若需要,可预先估算,待竣工时,凭签证按实结算。

(7)大型机械设备进出场及安拆计价。大型机械设备进出场(场外运输)计价包括人工费、材料费、机械使用费、架线费、回程费,这五项费用之和称为台次单价。

(8)混凝土、钢筋混凝土模板及支架计价。

(9)脚手架计价。市政工程用的脚手架有竹脚手架、钢管脚手架、浇混凝土用全面脚手架等。

(10)已完工程及设备保护计价。指对已完工程及设备加以成品保护所耗用的人工费及材料费。

(11)施工排水、降水计价。市政工程施工降水可采用井点降水。

2.专用措施项目

(1)围堰计价。市政工程施工中所采用的围堰有土草围堰、土石混合围堰、圆木桩围堰、钢桩围堰、钢板桩围堰、双层竹笼围堰等。

(2)筑岛计价。筑岛是指在围堰围成的区域内填土、砂及砂砾石。

(3)现场施工围挡计价。现场施工围挡可采用纤维布施工围挡、玻璃钢施工围挡等。

(4)便道计价。指工程项目在施工过程中,为运输需要而修建的临时道路所发生的费用,包括人工费、材料费和机械使用费等。

便道计价应根据便道施工面积、使用材料等因素,按实际情况估算。

(5)便桥计价。指工程项目在施工过程中,为交通需要而修建的临时桥梁所发生的费用,包括人工费、材料费、机械使用费等。

(6)洞内施工的通风、供水、供气、供电、照明及通信设施计价。指隧道洞内施工所用的通风、供水、供气、供电、照明及通信设施的安装拆除年摊销费用。一年内不足一年按一年计算,超过一年按每增一季定额增加,不足一季按一季计算(不分月)。

**(三)其他项目费**

1.暂列金额

暂列金额是"招标人在工程量清单中暂定并包括在合同价款中的一笔款项"。暂列金额的定义是非常明确的,只有按照合同所写程序实际发生后,才能成为中标人的应得金额,纳入合同结算价款中。扣除实际发生金额后的暂列金额余额仍属于招标人所有。设立暂列金额并不能保证合同结算价格就不会再出现超过合同价格的情况,是否超出合同价格完全取决于工程量清单编制人对暂列金额预测的准确性,以及工程建设过程是否出现了其他事先未预测到的事件。

2.暂估价

暂估价是指招标阶段直至签订合同协议时,招标人在招标文件中提供的用于支付必然要发生但暂时不能确定价格的材料,以及需另行发包的专业工程金额。一般而言,为方便合同管理和计价,需要纳入分部分项工程量清单项目综合单价中的暂估价则最好只是材料费,以方便投标人组价。以"项"为计量单位给出的专业工程暂估价一般应是综合暂估价,应当包括除规费、税金外的管理费、利润等。

3.计日工

计日工是为了解决现场发生的零星工作的计价而设立的。国际上常见的标准合同条款中,大多数都设立了计日工计价机制。计日工以完成零星工作所消耗的人工工时、材料数量、机械台班进行计量,并按照计日工表中填报的适用项目的单价进行计价支付。计日工适用的所谓零星工作一般是指合同约定之外的或者因变更而产生的、工程量清单中没有相应项目的额外工作,尤其是那些时间上不允许事先商定价格的额外工作。计日工为额外工作和变更的计价提供了一个方便快捷的途径。

4.总承包服务费

总承包服务费是为了解决招标人在法律、法规允许的条件下进行专业工程发包以及自行采购供应材料、设备时,要求总承包人对发包的专业工程提供协调和配合服务(如分包人使用总包人的脚手架、水电等);对供应的材料、设备提供收、发和保管服务以及对施工现场进行统一管理;对竣工资料进行统一汇总整理等发生并向总承包人支付的费用。招标人应当预计该项费用并按投标人的投标报价向投标人支付该项费用。

**(四)规费**

(1)工程排污费。指施工现场按规定缴纳的排污费用。

(2)工程定额测定费。指按规定支付工程造价(定额)管理部门的定额测定费。

(3)社会保障费。包括养老保险费、失业保险费、医疗保险费。

(4)住房公积金。

(5)危险作业意外伤害保险。

**(五)税金**

税金是指国家税法规定的应计入建筑安装工程造价内的营业税、城市维护建设税及教育费附加税。

# 第四节　市政工程费用

基本建设费用是指为完成工程项目建设并达到使用要求或生产条件,在建设期内预计或实际投入的全部费用之和。基本建设的工程项目主要分为生产性建设项目和非生产性建设项目两类。生产性建设项目的基本建设费用包括建设投资、建设期利息和流动资金三部分;非生产性建设项目的基本建设费用仅包括建设投资和建设期利息两部分。

# 一、建设投资

建设投资由工程费用、工程建设其他费用和预备费三部分组成。

## (一)工程费用

工程费用由建筑安装工程费和设备及工器具购置费两部分组成。

### 1.建筑安装工程费

建筑安装工程费是指为完成工程项目建造、生产性设备及配套工程安装所需的费用。具体分为建筑工程费用和安装工程费用两部分。①建筑工程费用:包括房屋建筑物和市政构筑物的供水、供暖、卫生、通风、煤气等设备费用,房屋建筑物和市政构筑物的装设、油饰工程费用,以及其内的管道、电力、电信、电缆导线敷设工程的费用。②安装工程费用:包括生产、动力、起重、运输、传动和医疗、试验等各种需要安装的机械设备的装配费用,与设备相连的工作台、梯子、栏杆等设施的工程费用,附属于被安装设备的管线敷设工程费用,以及被安装设备的绝缘、防腐、保温、油漆等工作的材料费和安装费。

### 2.设备及工器具购置费

设备及工器具购置费包括需要安装和不需要安装的设备及工器具购置费。①设备购置费。指为建设项目购置或自制的达到固定资产标准的各种国产或进口设备、工具、器具的购置费,它由设备原价和设备运杂费构成❶。②工具、器具及生产家具购置费。指为保证正式投入使用初期正常生产必须购置的没有达到固定资产标准的设备、仪器、工卡模具、器具、生产家具和备品备件等的购置费。

## (二)工程建设其他费用

工程建设其他费用是指从工程筹建起到工程竣工验收交付使用止的整个建设期间,除建筑安装工程费和设备及工器具购置费外的,为保证工程建设顺利完成和交付使用后能够正常发挥效用而发生的各项费用。具体包括建设用地费、与项目建设有关的其他费用(建设单位管理费、可行性研究费、研究试验费、勘察设计费、环境影响评价费、场地准备及临时设施费、引进技术和引进设备其他费、工程保险费、特殊设备安全监督检验费、市政公用设施费)、与未来生产经营有关的其他费用(联合试运转费、专利及专有技术使用费和生产准备及开办费)等。

(1)建设用地费。指为获得工程项目建设土地的使用权而在建设期内发生的费用。具体内容包括土地出让金或转让金、拆迁补偿费、青苗补偿费、安置补助费、新菜地开发建设基金、耕地占用税、土地管理费等与土地使用有关的各项费用。

(2)建设单位管理费。指建设单位从项目开工之日起至办理财务决算之日止发生的管理性质的开支。具体内容包括工作人员工资、工资性补贴、施工现场津贴、职工福利费、住房基金、基本养老保险费、基本医疗保险费、办公费、差旅交通费、劳动保险费、工具用具使用费、固定资产使用费、零星购置费、招募生产工人费、技术图书资料费、印花税、业务招待费、施工现场津贴、竣工验收费和其他管理性质开支。

(3)可行性研究费。指在工程项目投资决策阶段,依据调研报告对有关建设方案、技

---

❶ 都伟.公共设施[M],北京:机械工业出版社,2006.

术方案或生产经营方案进行的技术经济论证,以及编制、评审可行性研究报告所需的费用。

(4)研究试验费。指为建设项目提供或验证设计数据、资料等进行必要的研究试验及按照相关规定在建设过程中必须进行试验、验证所需的费用。

(5)勘察设计费。包括勘察费和设计费。勘察费是指勘察单位对施工现场进行地质勘察所需要的费用。设计费是指设计单位进行工程设计(包括方案设计及施工图设计)所需要的费用。

(6)环境影响评价费。指在工程项目投资决策过程中,依据有关规定,对工程项目进行环境污染或影响评价所需的费用。

(7)场地准备及临时设施费。包括场地准备费和临时设施费两部分的内容:①场地准备费。指为使工程项目的建设场地达到开工条件,由建设单位组织进行的场地平整等准备工作而发生的费用。②临时设施费。指建设单位为满足工程项目建设、生活、办公的需要,用于临时设施建设、维修、租赁、使用所发生或摊销的费用。

(8)引进技术和引进设备其他费。指引进技术和设备发生的但未计入设备购置费中的费用。具体内容包括引进项目图纸资料翻译复制费、备品备件测绘费、出国人员费用、来华人员费用、银行担保及承诺费等。

(9)工程保险费。指为转移工程项目建设的意外风险,在建设期内对工程本身以及相关机械设备和人身安全进行投保而发生的费用。包括建筑安装工程一切险、引进设备财产保险和人身意外伤害险等。

(10)特殊设备安全监督检验费。指安全监察部门对在施工现场组装的锅炉及压力容器、压力管道、消防设备、燃气设备、电梯等特殊设备和设施实施安全检验收取的费用。

(11)市政公用设施费。指使用市政公用设施的工程项目,按照项目所在地省级人民政府有关规定建设或缴纳的市政公用设施建设配套费用,以及绿化工程补偿费用。

(12)联合试运转费。指新建或新增加生产能力的工程项目,在交付生产前按照设计文件规定的工程质量标准和技术要求,对整个生产线或装置进行负荷联合试运转所发生的费用净支出。如联动试车时购买原材料、动力费用(电、气、油等)、人工费、管理费等。

(13)专利及专有技术使用费。指专利权人以外的他人在使用专利和专有技术时向专利权人交纳的一定数额的使用费用。金额在实施许可合同中由双方协商确定,支付方式也由使用者同专利权人协商确定。具体内容包括:①国外设计及技术资料费、引进有效专利、专有技术使用费和技术保密费;②国内有效专利、专有技术使用费;③商标权、商誉和特许经营权费等。

(14)生产准备及开办费。指在建设期内,建设单位为保证项目正常生产而发生的人员培训费、提前进厂费,以及投产使用必备的办公、生活家具用具及工器具等购置费用。

**(三)预备费**

预备费包括基本预备费和价差预备费两部分。

(1)基本预备费。指针对项目实施过程中可能发生难以预料的支出而事先预留的费用,又称工程建设不可预见费。主要内容包括:设计变更、材料代用、地基局部处理等增加的费用;自然灾害造成的损失和预防灾害所采取的措施费用;竣工验收时为鉴定工程质量对隐蔽工程进行必要的挖掘和修复费用等。

（2）价差预备费。指为在建设期内利率、汇率或价格等因素的变化而预留的可能增加的费用，也称价格变动不可预见费。

## 二、建设期利息

一个建设项目在建设期内需要投入大量的资金，自由资金的不足通常利用银行贷款来解决，但利用贷款必须支付利息。贷款内利息包括向国内银行和其他非银行金融机构贷款、出口信贷、外国政府贷款、国际商业银行贷款，以及在境内外发行的债券等在贷款期内应偿还的贷款利息。

## 三、流动资金

流动资金是指生产性建设项目投产后，为进行正常生产运营，用于购买原材料、燃料、支付工人工资及其他经营费用等所必不可少的周转资金。

# 第二章 市政工程定额计价

计算市政工程造价的依据种类繁多,其中市政工程定额是市政工程计价的最主要依据。在工程项目的各个建设阶段,编制不同的造价文件,都需根据相应的工程定额来进行。因此,掌握市政工程定额的基本知识,懂得各种市政工程定额的概念、作用、内容组成、编制依据及方法等,是正确地应用市政工程定额进行市政工程造价预测及计算,编制市政工程造价文件的一个重要前提。

## 第一节 市政工程定额概述

### 一、工程定额的概念

所谓定额,就是规定的额度或限额,即规定的标准或尺度。

在社会生产中,为了完成某一合格产品,就必须要消耗(或投入)一定量的活劳动与物化劳动,但在生产发展的各个阶段,由于各阶段的生产力水平及关系不同,在产品生产中所消耗的活劳动与物化劳动的数量也就不同。但在一定的生产条件下,活劳动与物化劳动的消耗总有一个合理的数额。

定额的种类很多,在建设工程生产领域内的定额统称为建设工程定额。在合理的劳动组织及合理使用材料和机械的前提下,完成某一单位合格建筑产品所消耗的活劳动与物化劳动(资源)的数量标准或额度,称为工程建设定额,简称工程定额。

市政工程定额是指在一定的社会生产力发展水平条件下,在正常的施工条件和合理的劳动组织,合理使用材料及机械的条件下,完成单位合格市政工程产品所消耗的人工、材料、施工机械等资源的数量标准。它是建设工程定额中的一种。

定额中数量标准的多少称为定额水平,是一定时期生产力的反映,与劳动生产率的高低成反比,与资源消耗量的多少成正比,有平均先进水平和社会平均水平之分。

### 二、工程定额的特点

#### (一)科学性

工程定额的科学性包括两重含义:一是指工程定额和生产力发展水平相适应,反映出工程建设中生产消费的客观规律;二是指工程定额管理在理论、方法和手段上适应现代科学技术和信息社会发展的需要。

工程定额的科学性,首先,表现在用科学的态度制定定额,尊重客观实际,力求定额水平合理;其次,表现在制定定额的技术方法上,利用现代科学管理的成就,形成一套系统的、完整的、在实践中行之有效的方法;最后,表现在定额制定和贯彻的一体化。制定是为了提供贯彻的依据,贯彻是为了实现管理的目标,也是对定额的信息反馈。

## (二)系统性

工程定额是一个相对独立的系统,它是由多种定额结合而成的有机的整体。它的结构复杂,有鲜明的层次,有明确的目标。工程定额的系统性是由工程建设的特点决定的。

## (三)统一性

工程定额的统一性主要是由国家对经济发展计划的宏观调控职能决定的。为了使国民经济按照既定的目标发展,就需要借助于某些标准、定额、参数等,对工程建设进行规划、组织、调节、控制。而这些标准、定额、参数必须在一定范围内是一种统一的尺度,才能实现上述职能,才能利用它们对项目的决策、设计方案、投标报价、成本控制进行比较和评价❶。工程定额的统一性按照其影响力和执行范围,有全国统一定额、地区统一定额和行业统一定额等;按照定额的制定、颁布和贯彻使用,有统一的程序、统一的原则、统一的要求和统一的用途。

## (四)权威性

工程定额具有很大的权威性,这种权威性在一些情况下具有经济法规性质。权威性反映统一的意志和统一的要求,也反映信誉和信赖程度及定额的严肃性。

工程建设定额的权威性的客观基础是定额的科学性。只有科学的定额才具有权威性。

## (五)稳定性和时效性

工程建设定额中的任何一种都是一定时期技术发展和管理水平的反映,因而在一段时间内都表现出稳定的状态。稳定的时间有长有短,一般为 5~10 年。保持定额的稳定性是维护定额的权威性所必需的,更是有效贯彻定额所必需的。如果某种定额处于经常修改变动之中,那么必然造成执行中的困难和混乱,使人们感到没有必要去认真对待它,很容易导致定额权威性的丧失。工程建设定额的不稳定也会给定额的编制工作带来极大的困难。但是工程建设定额的稳定性是相对的,具有一定的时效性。当某种定额使用一定时间后,社会生产力向前发展了,原有的定额内容及水平就会与已经发展了的生产力不相适应,这样,定额原有的作用就会逐步减弱以至消失,需要重新编制或修订。

## 三、工程定额的分类

工程定额的种类很多,根据生产要素、用途、费用性质、主编单位和执行范围、专业不同,可分为以下几类。

### (一)按生产要素分类

进行物质资料生产必须具备的三要素是劳动者、劳动对象和劳动手段。劳动者是指生产工人,劳动对象是指建筑材料和各种半成品等,劳动手段是指生产机具和设备。为了适应工程建设施工活动的需要,工程定额按三个不同的生产要素分为劳动消耗定额、材料消耗定额和机械台班消耗定额。

### (二)按用途分类

工程定额按用途可分为施工定额、预算定额、概算定额、概算指标和投资估算指标。

---

❶ 刘兴昌.市政工程规划[M].北京:中国建筑工业出版社,2006.

（1）施工定额。是以同一性质的施工过程——工序作为研究对象编制的,是企业内部使用的一种定额,属于企业定额的性质。施工定额是建设工程定额中分项最细、定额子目最多的一种定额,也是建设工程定额中的基础性定额,由劳动定额、材料消耗定额和施工机械台班消耗定额组成。施工定额是编制预算定额的基础。

（2）预算定额。预算定额是以建筑物或构筑物各个分部分项工程为对象编制的定额。预算定额是以施工定额为基础综合扩大编制的,同时也是编制概算定额的基础。预算定额是编制施工图预算的主要依据,是编制单位估价表、确定工程造价、控制建设工程投资的基础和依据。预算定额是一种计价性定额。

（3）概算定额。概算定额是以扩大的分部分项工程为对象编制的,一般是在预算定额的基础上综合扩大而成的,也是一种计价性定额。概算定额是编制扩大初步设计概算、确定建设项目投资额的依据。

（4）概算指标。概算指标是概算定额的扩大与合并,是以整个建筑物或构筑物为对象,以更为扩大的计量单位来编制的。一般是在概算定额的基础上编制的,是设计单位编制设计概算或建设单位编制年度投资计划的依据,也可作为编制估算指标的基础。

（5）投资估算指标。估算指标通常是以独立的单项工程或完整的工程项目为对象,是在项目建议书和可行性研究阶段编制投资估算、计算投资需要量时使用的一种指标,是合理确定建设工程项目投资的基础。

### （三）按费用性质分类

按国家有关规定制定的计取间接费等费用的性质分,工程定额可分为直接费定额、间接费定额、其他费用定额等。

市政工程费用定额也称为取费定额,建筑安装工程费用定额一般包括两部分内容:措施费定额和间接费定额。它是指在编制施工图预算时,按照预算定额计算建筑安装工程定额直接费以后,应计取的间接费、利润和税金等取费标准。现行费用定额是根据国家住房和城乡建设部的统一部署,各省市按照国家住房和城乡建设部确定的编制原则和项目划分方案,结合本地区的实际情况进行编制。建筑工程费用定额必须与相应的预算定额配套使用,应该遵循各地区的具体取费规定。

### （四）按主编单位和执行范围分类

按主编单位和管理权限,可将建设工程定额分为全国统一定额、行业统一定额、地区统一定额、企业定额、补充定额等。

全国统一定额是由国家建设行政主管部门,综合全国工程建设中技术和施工组织管理的情况编制的,并在全国范围内执行的定额。

行业统一定额是由行业建设行政主管部门,考虑到各行业部门专业工程技术特点以及施工生产和管理水平所编制的,一般只在本行业和相同专业性质的范围内使用。

地区统一定额是由地区建设行政主管部门,考虑地区性特点和全国统一定额水平做适当调整和补充而编制的,仅在本地区范围内使用。

企业定额是指由施工企业考虑本企业的具体情况,参照国家、部门或地区定额进行编制的,只在本企业内部使用的定额。企业定额水平应高于国家现行定额,才能满足生产技术发展、企业管理和增强市场竞争力的需要。

补充定额是指随着设计、施工技术的发展,现行定额不能满足需要的情况下,为了补充缺陷所编制的定额。补充定额只能在指定的范围内使用,可以作为以后修订定额的基础。

补充定额是定额体系中的一个重要内容,也是一项必不可少的内容。当设计图纸中某个工程采用新的结构或材料,而在预算定额中未编制此类项目时,为了确定工程的完整造价,就必须编制补充定额。

### (五)按专业不同分类

按专业不同,定额可分为建筑工程定额、安装工程定额、市政工程定额、装饰工程定额、仿古及园林工程定额、爆破工程定额、公路工程定额、铁路工程定额、水利工程定额等。

# 第二节 市政工程设计概算

## 一、设计概算概述

### (一)设计概算的概念

设计概算是初步设计概算的简称,是指在初步设计或扩大初步设计阶段,由设计单位根据初步设计图纸、定额、指标、其他工程费用定额等,对工程投资进行的概略计算,这是初步设计文件的重要组成部分,是确定工程设计阶段投资的依据,经过批准的设计概算是控制工程建设投资的最高限额。

### (二)设计概算的内容

设计概算分为三级概算,即单位工程概算、单项工程综合概算、建设项目总概算。

(1)单位工程概算。是确定各单位工程建设费用的文件,是编制单项工程综合概算的依据,是单项工程综合概算的组成部分。

(2)单项工程综合概算。是确定一个单项工程所需建设费用的文件,它是由单项工程中的各单位工程概算汇总编制而成的,是建设项目总概算的组成部分。

(3)建设项目总概算。是确定整个建设项目从筹建到竣工验收所需全部费用的文件。它是由各个单项工程综合概算以及工程建设其他费用和预备费用概算汇总编制而成的。

### (三)设计概算的作用

设计概算主要有以下几方面的作用:

(1)设计概算是确定建设项目、各单项工程及各单位工程投资的依据。按照规定报请有关部门或单位批准的初步设计及总概算,一经批准即作为建设项目静态总投资的最高限额,不得任意突破,必须突破时须报原审批部门(单位)批准。

(2)设计概算是编制投资计划的依据。计划部门根据批准的设计概算编制建设项目年固定资产投资计划,并严格控制投资计划的实施。如果建设项目实际投资数额超过了总概算,那么必须在原设计单位和建设单位共同提出追加投资的申请报告基础上,经上级计划部门审核批准后,方能追加投资。

(3)设计概算是进行拨款和贷款的依据。建设银行根据批准的设计概算和年度投资计划,进行拨款和贷款,并严格实行监督控制。对超出概算的部分,未经计划部门批准,建设银行不得追加拨款和贷款。

(4)设计概算是实行投资包干的依据。在进行概算包干时,单项工程综合概算及建设项目总概算是投资包干指标商定和确定的基础,尤其经上级主管部门批准的设计概算或修正概算,是主管单位和包干单位签订包干合同,控制包干数额的依据。

(5)设计概算是考核设计方案的经济合理性和控制施工图预算的依据。设计单位根据设计概算进行技术经济分析和多方案评价,以提高设计质量和经济效果。同时保证施工图预算在设计概算的范围内。

(6)设计概算是进行各种施工准备、设备供应指标、加工订货及落实各项技术经济责任制的依据。

(7)设计概算是控制项目投资,考核建设成本,提高项目实施阶段工程管理和经济核算水平的必要手段。

## 二、设计概算的编制

### (一) 编制依据

(1)经批准的建设项目计划任务书。计划任务书由国家或地方基建主管部门批准,其内容随建设项目的性质而异。一般包括建设目的、建设规模、建设理由、建设布局、建设内容、建设进度、建设投资、产品方案和原材料来源等。

(2)初步设计或扩大初步设计图纸和说明书。有了初步设计图纸和说明书,才能了解其设计内容和要求,并计算主要工程量,这些是编制设计概算的基础资料。

(3)概算指标、概算定额或综合预算定额。概算指标、概算定额和综合概算定额是由国家或地方基建主管部门颁发的,是计算价格的依据,不足部分可参照预算定额或其他有关资料。

(4)设备价格资料。各种定型设备(如各种用途的泵、空压机、蒸汽锅炉等)均按国家有关部门规定的现行产品出厂价格计算;非标准设备按非标准设备制造厂的报价计算。此外,还应增加供销部门的手续费、包装费、运输费、采购及保管费等费用资料。

(5)地区工资标准和材料预算价格。

(6)有关取费标准和费用定额。

### (二) 单位工程概算的编制

单位市政工程设计概算,是在初步设计或扩大初步设计阶段进行的。它是利用国家颁发的概算定额、概算指标或综合预算定额等,按照设计要求进行概略地计算工程造价,以及确定人工、材料和机械等需要量的一种方法。因此,它的特点是编制工作较为简单,但在精度上没有市政工程施工图预算准确❶。

一般情况下,施工图预算造价不允许超过设计概算造价,以便使设计概算能起着控制施工图预算的作用。所以,单位建筑工程设计概算的编制,既要保证它的及时性,又要保证它的正确性。

---

❶ 王云江.市政工程概论[M].北京:中国建筑工业出版社,2007.

市政工程设计概算的编制方法包括扩大单价法、概算指标法、类似工程预算法。

（1）扩大单价法。当初步设计达到一定深度、结构比较明确时，可采用这种方法编制工程概算。

采用扩大单价法编制概算，首先应根据概算定额编制扩大单位估价表（概算定额基础价）。概算定额是按一定计算单位规定的、扩大分部分项工程或扩大结构部门的劳动、材料和机械台班的消耗量标准。扩大单位估价表是确定单位工程中各扩大分部分项工程或完整的结构所需全部材料费、人工费、施工机械使用费之和的文件。

采用扩大单价法编制工程概算比较准确，但计算比较烦琐，只有具备一定的设计基本知识，熟悉概算定额，才能弄清分部分项的扩大综合内容，才能正确地计算扩大分部分项的工程量。同时，在套用扩大单价法时，如果所在地区的工资标准及材料预算价格与概算定额不一致，则需要重新编制扩大单位估价或测定系数加以调整。

（2）概算指标法。当初步设计深度不够，不能准确地计算工程量，但工程采用的技术比较成熟而又有类似概算指标可以利用时，可采用概算指标法来编制概算。

概算指标是指按一定计量单位规定的，比概算定额更综合扩大的分部工程或单位工程等的劳动、材料和机械台班的消耗量标准和造价指标。

（3）类似工程预算法。当工程设计对象与已建或在建工程相类似，结构特征基本相同，或者概算定额和概算指标不全，就可以采用这种方法编制单位工程概算。

类似工程预算法就是以原有的相似工程的预算为基础，按编制概算指标的方法，求出单位工程的概算指标，再按概算指标法编制建筑工程概算。利用类似预算，应考虑以下条件：①设计对象与类似预算的设计在结构上的差异。②设计对象与类似预算的设计在建筑上的差异。③地区工资的差异。④材料预算价格的差异。⑤施工机械使用费的差异。⑥间接费用的差异。

其中，①、②两项的差异可参考修正概算指标的方法加以修正，③～⑥项则须编制修正系数。计算修正系数时，先求类似预算的人工工资、材料费、机械使用费、间接费在全部价值中所占比重，然后分别求其修正系数，最后求出总的修正系数。用总修正系数乘以类似预算的价值，就可以得出概算价值。

**（三）单项工程综合概算编制**

综合概算是以单项工程为编制对象，确定建成后可独立发挥作用的建筑物或构筑物所需全部建设费用的文件，由该单项工程内各单位工程概算书汇总而成。综合概算书是工程项目总概算书的组成部分，是编制总概算书的基础文件，一般由编制说明和综合概算表两个部分组成。

**（四）总概算的编制**

总概算是确定整个建设项目从筹建到建成全部建设费用的文件。它由组成建设项目的各个单项工程综合概算及工程建设其他费用和预备费、固定资产投资方向调节税等汇总编制而成。

总概算的编制方法如下：

（1）按总概算组成的顺序和各项费用的性质，将各个单项工程综合概算及其他工程和费用概算汇总列入总概算表。

（2）将工程项目和费用名称及各项数值填入相应各栏内,然后按各栏分别汇总。

（3）以汇总后总额为基础,按取费标准计算预备费、建设期利息、固定资产投资方向调节税、铺底流动资金。

（4）计算回收金额。回收金额是指在整个基本建设过程中所获得的各种收入。回收金额的计算方法,应按地区主管部门的规定执行。

（5）计算总概算价值。

$$总概算价值 = 第一部分费用 + 第二部分费用 + 预备费 + 建设期利息 + 固定$$
$$资产投资方向调节税 + 铺底流动资金 - 回收金额$$

（6）计算技术经济指标。整个项目的技术经济指标应选择有代表性和能说明投资效果的指标填列。

（7）投资分析。为对基本建设投资分配、构成等情况进行分析,应在总概算表中计算出各项工程和费用投资占总投资的比例,在表的末栏计算出每项费用的投资占总投资的比例。

## 三、设计概算的审查

### (一) 设计概算审查的内容

（1）审查设计概算的编制依据。

审查设计概算的编制依据包括国家综合部门的文件,国务院主管部门和各省、直辖市、自治区根据国家规定或授权制定的各种规定及办法,建设项目的设计文件等为重点审查对象。

①审查编制依据的合法性。采用的各种编制依据必须经过国家或授权机关的批准,符合国家的编制规定,未经批准的不能采用。也不能强调情况特殊,擅自提高概算定额、指标或费用标准。

②审查编制依据的时效性。各种依据,如定额、指标、价格、取费标准等,都应根据国家有关部门的现行规定进行,注意有无调整和新的规定。有的虽然颁发时间较长,但不能全部适用,有的应按有关部门做的调整系数执行。

③审查编制依据的适用范围。各种编制依据都有规定的适用范围,如各主管部门规定的各种专业定额及其取费标准,只适用于该部门的专业工程;各地区规定的各种定额及其取费标准,只适用于该地区的范围以内。特别是地区内的材料预算价格的区域性更强,如果某市有该市区的材料预算价格,又编制了郊区内一个矿区的材料预算价格,那么在该市的矿区建设中,其概算采用的材料预算价格则应采用矿区的价格,而不能采用该市的价格。

（2）审查概算编制深度。

①审查编制说明。审查编制说明可以检查概算的编制方法、编制深度和编制依据等重大原则问题。

②审查概算编制深度。一般大中型项目的设计概算,应有完整的编制说明和"三级概算"(总概算表、单项工程综合概算表、单位工程概算表),并按有关规定的深度进行编制。审查是否有符合规定的"三级概算",各级概算的编制、校对、审核是否按规定签署。

③审查概算的编制范围。审查概算的编制范围及具体内容是否与主管部门批准的建设项目范围及具体工程内容一致;审查分期建设项目的建筑范围及具体工程内容有无重复交叉,是否重复计算或漏算;审查其他费用所列的项目是否都符合规定,静态投资、动态

投资和经营性项目铺底流动资金是否分部列出等。

（3）审查建设规模、标准。审查概算的投资规模、生产能力、设计标准、建设用地、建筑面积、主要设备、配套工程、设计定员等是否符合原批准可行性研究报告或立项批文的标准。如概算总投资超过原批准投资估算10%以上，应进一步审查超估算的原因。

（4）审查设备规格、数量和配置。工业建设项目设备投资比重大，一般占总投资的30%~50%，要认真审查。审查所选用的设备规格、台数是否与生产规模一致，材质、自动化程度有无提高标准，引进设备是否配套、合理，备用设备台数是否适当，消防、环保设备是否计算等。还要重点审查价格是否合理、是否符合有关规定，如国产设备应按当时询价资料或有关部门发布的出厂价、信息价，引进设备应依据询价或合同价编制概算。

（5）审查工程费。建筑安装工程投资是随工程量增加而增加的，要认真审查。要根据初步设计图纸、概算定额及工程量计算规则、专业设备材料表、建（构）筑物和总图运输一览表进行审查，有无多算、重算、漏算。

（6）审查计价指标。审查建筑工程采用工程所在地区的计价定额、费用定额、价格指数和有关人工、材料、机械台班单价是否符合现行规定；审查安装工程所采用的专业部门或地区定额是否符合工程所在地区的市场价格水平，概算指标调整系数、主材价格、人工、机械台班和辅材调整系数是否按当地最新规定执行；审查引进设备安装费率或计取标准、部分行业专业设备安装费率是否按有关规定计算等。

（7）审查其他费用。工程建设其他费用投资约占项目总投资的25%以上，必须认真逐项审查。审查费用项目是否按国家统一规定计列，具体费率或计取标准、部分行业专业设备安装费率是否按有关规定计算等。

**（二）设计概算审查的方法**

（1）全面审查法。指按照全部施工图的要求，结合有关预算定额分项工程中的工程细目，逐一、全部地进行审核的方法。其具体计算方法和审核过程与编制预算的计算方法和编制过程基本相同。

全面审查法的优点是全面、细致，所审核过的工程预算质量高，差错比较少；缺点是工作量太大。全面审查法一般适用于一些工程量较小、工艺比较简单、编制工程预算力量较薄弱的设计单位所承包的工程。

（2）重点审查法。抓住工程预算中的重点进行审查的方法，称为重点审查法。

一般情况下，重点审查法的内容如下：①选择工程量大或造价较高的项目进行重点审查；②对补充单价进行重点审查；③对计取的各项费用的费用标准和计算方法进行重点审查。

重点审查工程预算的方法应灵活掌握。例如，在重点审查中，如发现问题较多，应扩大审查范围；反之，如没有发现问题，或者发现的差错很小，应考虑适当缩小审查范围。

（3）经验审查法。指监理工程师根据以前的实践经验，审查容易发生差错的那些部分工程细目的方法。

（4）分解对比审查法。指把一个单位工程，按直接费与间接费进行分解，然后把直接费按工种工程和分部工程进行分解，分别与审定的标准图预算进行对比分析的方法。

这种方法是把拟审的预算造价与同类型的定型标准施工图或复用施工图的工程预算造价相比较。如果出入不大，就可以认为本工程预算问题不大，不再审查；如果出入较大，比如超过或少于已审定的标准设计施工图预算造价的1%或3%以上(根据本地区要求)，再按分部分项工程进行分解，边分解边对比，哪里出入较大，就进一步审查那一部分工程项目的预算价格。

**(三)设计概算审查的步骤**

设计概算审查是一项复杂而细致的技术经济工作，审查人员既应懂得有关专业技术知识，又应具有熟练编制概算的能力，一般情况下可按如下步骤进行：

(1)概算审查的准备。概算审查的准备工作包括了解设计概算的内容组成、编制依据和方法；了解建设规模、设计能力和工艺流程；熟悉设计图纸和说明书，掌握概算费用的构成和有关技术经济指标；明确概算各种表格的内涵；收集概算定额、概算指标、取费标准等有关规定的文件资料等。

(2)进行概算审查。根据审查的主要内容，分别对设计概算的编制依据、单位工程设计概算、综合概算、总概算进行逐级审查。

(3)进行技术经济对比分析。利用规定的概算定额或指标以及有关技术经济指标与设计概算进行分析对比，根据设计和概算列明的工程性质、结构类型、建设条件、费用构成、投资比例、占地面积、生产规模、设备数量、造价指标、劳动定员等与国内外同类型工程规模进行对比分析，从大的方面找出与同类型工程的距离，为审查提供线索。

(4)研究、定案、调整概算。对概算审查中出现的问题要在对比分析、找出差距的基础上深入现场进行实际调查研究。了解设计是否经济合理、概算编制依据是否符合现行规定和施工现场实际及有无扩大规模、多估投资或预留缺口等情况，并及时核实概算投资。对于当地没有同类型的项目而不能进行对比分析时，可向国内同类型企业进行调查、收集资料，作为审查的参考。经过会审决定的定案问题应及时调整概算，并经原批准单位下发文件。

# 第三节　市政工程概算定额

## 一、概算定额的概念

概算定额是指生产一定计量单位的经扩大的市政工程所需要的人工、材料和机械台班的消耗数量及费用的标准。概算定额是在预算定额的基础上，根据有代表性的工程通用图和标准图等资料，进行综合、扩大和合并而成。

概算定额与预算定额的相同之处，都是以建(构)筑物各个结构部分和分部分项工程为单位表示的，内容也包括人工、材料和机械台班使用量定额三个基本部分，并列有基准价。概算定额表达的主要内容、表达的主要方式及基本使用方法都与综合预算定额相近。

定额基准价=定额单位人工费+定额单位材料费+定额单位机械使用费

=人工概算定额消耗量×人工工资单价+$\sum$(材料概算定额消耗量×

材料预算价格)+$\sum$(施工机械概算定额消耗量×机械台班费用单价)

概算定额与预算定额的不同之处在于项目划分和综合扩大程度上的差异。同时，概算定额主要用于设计概算的编制。由于概算定额综合了若干分项工程的预算定额，因此概算工程量计算和概算表的编制，都比编制施工图预算简化了很多。

编制概算定额时,应考虑到能适应规划、设计、施工各阶段的要求。概算定额与预算定额应保持一致水平,即在正常条件下,反映大多数企业的设计、生产及施工管理水平。概算定额的内容和深度是以预算定额为基础的综合与扩大。在合并中不得遗漏或增加细目,以保证定额数据的严密性和正确性。概算定额务必达到简化、准确和适用。

## 二、概算定额的作用

(1)概算定额是在扩大初步设计阶段编制概算,技术设计阶段编制修正概算的主要依据。

(2)概算定额是编制建筑安装工程主要材料申请计划的基础。

(3)概算定额是进行设计方案技术经济比较和选择的依据。

(4)概算定额是编制概算指标的计算基础。

(5)概算定额是确定基本建设项目投资额、编制基本建设计划、实行基本建设大包干、控制基本建设投资和施工图预算造价的依据。

因此,正确合理地编制概算定额对提高设计概算的质量,加强基本建设经济管理,合理使用建设资金、降低建设成本,充分发挥投资效果等,都具有重要的作用。

## 三、概算定额的编制

### (一) 概算定额编制的依据
(1)现行的全国通用的设计标准、规范和施工验收规范。

(2)现行的预算定额。

(3)标准设计和有代表性的设计图纸。

(4)过去颁发的概算定额。

(5)现行的人工工资标准、材料预算价格和施工机械台班单价。

(6)有关施工图预算和结算资料。

### (二) 概算定额编制的原则
为了提高设计概算质量,加强基本建设、经济管理,合理使用国家建设资金,降低建设成本,充分发挥投资效果,在编制概算定额时必须遵循以下原则❶:

(1)使概算定额适应设计、计划、统计和拨款的要求,更好地为基本建设服务。

(2)概算定额水平的确定,应与预算定额的水平基本一致。必须是反映正常条件下大多数企业的设计、生产施工管理水平。

(3)概算定额的编制深度,要适应设计深度的要求;项目划分,应坚持简化、准确和适用的原则。以主体结构分项为主,合并其他相关部分,进行适当综合扩大;概算定额项目计量单位的确定,与预算定额要尽量一致;应考虑统筹法及应用电子计算机编制的要求,以简化工程量和概算的计算编制。

(4)为了稳定概算定额水平,统一考核尺度和简化计算工程量。编制概算定额时,原则上必须根据规则计算。对于设计和施工变化多而影响工程量多、价差大的,应根据有关

---

❶ 杜文风,张慧.空间结构[M].北京:中国电力出版社,2008.

资料进行测算,综合取定常用数值;对于其中还包括不了的个性数值,可适当做一些调整。

**(三)概算定额编制的方法**

(1)定额计量单位确定。概算定额计量单位基本上按预算定额的规定执行,但是单位的内容扩大,仍用 m、$m^2$ 和 $m^3$ 等。

(2)确定概算定额与预算定额的幅度差。由于概算定额是在预算定额的基础上进行适当的合并与扩大。因此,在工程量取值、工程的标准和施工方法确定上需综合考虑,且定额与实际应用必然会产生一些差异。这种差异国家允许预留一个合理的幅度差,以便依据概算定额编制的设计概算能控制住施工图预算。概算定额与预算定额之间的幅度差,国家规定一般控制在5%以内。

(3)定额小数取位。概算定额小数取位与预算定额相同。

## 四、概算指标

**(一)概算指标的概念及作用**

概算指标是以一个建筑物或构筑物为对象,按各种不同的结构类型,确定每 $100\ m^2$ 或 $1\ 000\ m^3$ 和每座为计量单位的人工、材料和机械台班(机械台班一般不以量列出,用系数计入)的消耗指标(量)或每万元投资额中各种指标的消耗数量。概算指标比概算定额更加综合扩大,因此它是编制初步设计或扩大初步设计概算的依据。

概算指标的作用是:

(1)在初步设计阶段,作为编制工程设计概算的依据。这是指在没有条件计算工程量时,只能使用概算指标。

(2)设计单位在方案设计阶段,进行方案设计技术经济分析和估算的依据。

(3)在建设项目的可行性研究阶段,作为编制项目的投资估算的依据。

(4)在建设项目规划阶段,作为估算投资和计算资源需要量的依据。

**(二)概算指标编制的原则**

(1)按平均水平确定概算指标的原则。在我国社会主义市场经济条件下,概算指标作为确定工程造价的依据,同样必须遵照价值规律的客观要求,在其编制时必须按社会必要劳动时间,贯彻平均水平的编制原则。只有这样才能使概算指标合理确定和控制工程造价的作用得到充分发挥。

(2)概算指标的内容与表现形式要贯彻简明适用的原则。为适应市场经济的客观要求,概算指标的项目划分应根据用途的不同,确定其项目的综合范围。遵循粗而不漏,适应面广的原则,体现综合扩大的性质。概算指标从形式到内容应该简明易懂,要便于在采用时根据拟建工程的具体情况进行必要的调整换算,能在较大范围内满足不同用途的需要。

(3)概算指标的编制依据必须具有代表性。概算指标所依据的工程设计资料,应是有代表性的,技术上是先进的,经济上是合理的。

# 第四节  市政工程预算定额

## 一、市政工程预算定额的种类

### （一）按专业性质分

按专业性质,市政工程预算定额可分为通用项目、道路工程、桥涵工程、隧道工程、给水工程、排水工程、燃气与集中供热工程、路灯工程、地铁工程九种定额。

### （二）按管理权限和执行范围分

按管理权限和执行范围,市政工程预算定额可分为全国统一定额、行业统一定额和地区统一定额。

### （三）按物资要素分

按物资要素,市政工程预算定额可分为劳动定额、机械定额和材料消耗定额,它们相互依存形成一个整体,不具有独立性。

## 二、市政工程预算定额的性质、特点

市政工程预算定额是按社会平均水平原则确定的,它反映社会一定时期的生产力水平和产品质量标准。市政工程定额是国家为了使全国的市政建设工程有一个统一的造价核算尺度和质量标准衡量尺度,用以比较、考核各地区、各部门市政建设工程经济效果和施工管理水平。国家工程建设主管部门或其授权机关,对完成质量合格各分项工程的单位产品所消耗的人工、材料和施工机械台班,按社会平均必要耗用量的原则,确定了生产各个分项工程的人工、材料和施工机械台班消耗量的标准,用以确定人工费、材料费和施工机械使用费,并以法令形式颁发执行。因此,《全国统一市政工程预算定额》具有法令性性质。

随着我国建设市场的不断成熟与发展,市政预算定额的法令性近年来有所减弱。但由于我国地域辽阔、幅员广大,各地经济文化差异明显,工程造价计价存在着双轨并行的局面,即在大力推行工程量清单计价方式的同时,保留着传统定额计价的方式。而且,工程定额在当前还是工程造价管理工作的重要手段,因此在学习市政工程造价确定方法时,除对《建设工程工程量清单计价规范》(GB 50500—2008)进行深入学习外,还必须对市政工程定额和定额计价方法等有关知识有所掌握。

## 三、施工图预算的编制内容

施工图预算的编制内容如下:①列出分项工程项目,简称列项。②计算工程量。③套用预算定额及定额基价换算。④工料分析及汇总。⑤计算直接费。⑥材料价差调整。⑦计算间接费。⑧计算利润。⑨计算税金。⑩汇总为工程造价。

## 四、市政工程预算定额的编制依据

(1)现行设计规范、施工及验收规范,质量评定标准和安全操作规程。

（2）现行劳动定额和施工定额。预算定额是在现行劳动定额和施工定额的基础上编制的。预算定额中人工、材料、机械台班消耗水平,需要根据劳动定额或施工定额确定;预算定额的计量单位的选择,也要以施工定额为参考,从而保证两者的协调性和可比性,减轻预算定额的编制工作量,缩短编制时间。

（3）现行的预算定额、材料预算价格、人工工资标准、机械台班单价及有关文件规定等。

（4）推广的新技术、新结构、新材料和先进的施工方法等。

（5）有关科学试验、技术测定和统计、经验资料。

（6）具有代表性的典型工程施工图及有关标准图册。

### 五、市政工程预算定额的编制原则

#### (一) 坚持统一性

市政工程预算定额编制时应遵从全国统一市场规范计价的行为以及全国统一定额的规划、实施规章、制度、办法等。

#### (二) 注意差别性

市政工程预算定额编制时除在统一的基础上,还应参照各部门和省、自治区、直辖市主管部门在自辖范围内,根据本部门和本地区的具体情况制定部门和地区性定额、补充性制度和管理办法,以适应我国幅员辽阔、地区间发展不平衡和差异大的客观情况❶。

#### (三) 按社会平均水平确定的理念

预算定额必须遵照价值规律的客观要求,按生产过程中所消耗的社会必要劳动时间确定定额水平,即按照"在现有的社会正常的生产条件下,在社会平均的劳动熟练程度和劳动强度下制造某种使用价值所需要的劳动时间"来确定定额水平。

预算定额的水平以大多数施工单位的施工定额水平为基础,但预算定额绝不是简单地套用施工定额的水平,在比施工定额的工作内容综合扩大的预算定额中,也包含了更多的可变因素,需要保留合理的幅度差。因此,在编制预算定额时应控制在一定范围之内。

#### (四) 简明适用性

预算定额在编制时对于那些主要的、常用的、价值量大的项目分项工程划分宜细;对于次要的、不常用的、价值量相对较小的项目可以粗一些,以达到项目少、内容全、简明适用的目的。

另外,在工程量计算时,应尽可能避免同一种材料用不同的计量单位和一量多用,尽量减少定额附注和换算系数。

# 第五节　市政工程施工定额

### 一、市政工程施工定额的概念

市政工程施工定额(也称技术定额)是直接用于市政工程施工管理中的一种定额,是

---

❶ 李慧丽.市政与环境工程系列丛书给排水科学与工程专业习题集[ M ].哈尔滨:哈尔滨工业大学出版社,2018.

施工企业管理工作的基础。它是以同一性质的施工过程为测定对象,在正常施工条件下完成单位合格产品所需消耗的人工、材料和机械台班的数量标准。它由劳动定额、材料消耗定额、机械台班定额三部分组成。

施工定额是以工序定额为基础,由工序定额结合而成的,可直接用于施工之中❶。

## 二、市政工程施工定额的基本形式

### (一)劳动定额

劳动定额反映建筑产品生产中活劳动消耗量的标准数额,是指在正常的生产(施工)组织和生产(施工)技术条件下,为完成单位合格产品或完成一定量的工作所预先规定的必要劳动消耗量的标准数额。

劳动定额按其表示方法又分为时间定额和产量定额两种。

时间定额与产量定额互成倒数,即

$$时间定额 = \frac{1}{产量定额} \quad 或 \quad 产量定额 = \frac{1}{时间定额}$$

### (二)材料消耗定额

材料消耗定额指在生产(施工)组织和生产(施工)技术条件正常,材料供应符合技术要求,合理使用材料的条件下,完成单位合格产品,所需一定品种规格的建筑材料、配件消耗量的标准数额。

材料消耗定额中包括消耗材料和损失材料。前者又包括直接用于建筑产品的材料、不可避免的生产(施工)废料和材料损耗。

### (三)机械台班使用定额

机械台班使用定额指施工机械在正常生产(施工)条件下,合理地组织劳动和使用机械,完成单位合格产品或某项工作所必需的工作时间。其中也包括了准备时间与结束时间,基本生产时间,辅助生产时间,以及不可避免的中断时间与工人必需的休息时间。

机械台班定额分为机械时间定额、机械台班产量定额两种形式。

---

❶ 曹艳阳.市政工程计量与计价[M].北京:北京理工大学出版社,2018.

# 第三章 市政工程量清单计价

## 第一节 工程量清单计价概述

"工程量清单"是建设工程实行清单计价的专用名词,它表示的是实行工程量清单计价的建设工程的分部分项工程项目、措施项目、其他项目、规费项目和税金项目的名称及相应数量。采用工程量清单计价,建设工程造价由分部分项工程费、措施项目费、其他项目费、规费和税金组成。

### 一、工程量清单

建筑工程的分部分项工程项目、措施项目、其他项目、规费项目和税金项目的名称及相应数量等的明细清单。其中,分部分项工程量清单表明了建筑工程的全部实体工程的名称和相应的工程数量。措施项目清单表明了为完成工程项目施工,发生于该工程准备和施工过程中的技术、生活、安全、环境保护等方面的非工程实体项目的相关费用。

### 二、工程量清单计价

工程量清单计价方法,是在建设工程招标投标中,招标人或委托具有资质的中介机构编制反映工程实体消耗和措施性消耗的工程量清单,并作为招标文件的一部分提供给投标人,由投标人依据工程量清单自主报价的计价方式。在工程招标投标中采用工程量清单计价是国际上较为通行的做法❶。

工程量清单计价办法的主旨就是在全国范围内,统一项目编码、统一项目名称、统一计量单位、统一工程量计算规则。在这四统一的前提下,2008 年由国家主管职能部门统一编制《建设工程工程量清单计价规范》(GB 50500—2008),作为强制性标准,在全国统一实施。

### 三、工程量清单的作用

工程量清单是工程量清单计价的基础,应作为编制招标控制价、投标报价、计算工程量、支付工程款、调整合同价款、办理竣工结算以及工程索赔等的依据之一。

### 四、工程量清单计价的特点

(1)统一计价规则。通过制定统一的建设工程工程量清单计价方法、统一的工程量

---

❶ 王云江.市政工程概论[M].北京:中国建筑工业出版社,2007.

计量规则、统一的工程量清单项目设置规则,达到规范计价行为的目的。这些规则和办法是强制性的,建设各方面都应该遵守,这是工程造价管理部门首次在文件中明确政府应管什么,不应管什么。

(2)有效控制消耗量。通过由政府发布统一的社会平均消耗量指导标准,为企业提供一个社会平均尺度,避免企业盲目或随意大幅度减少或扩大消耗量,从而达到保证工程质量的目的。

(3)彻底放开价格。将工程消耗量定额中的工、料、机价格和利润,管理费全面放开,由市场的供求关系自行确定价格。

(4)企业自主报价。投标企业根据自身的技术专长、材料采购渠道和管理水平等,制定企业自身的报价定额,自主报价。企业尚无报价定额的,可参考使用造价管理部门颁布的《建设工程消耗量定额》。

(5)市场有序竞争形成价格。通过建立与国际惯例接轨的工程量清单计价模式,引入充分竞争形成价格的机制,制定衡量投标报价合理性的基础标准。在投标过程中,有效引入竞争机制,淡化标底的作用,在保证质量、工期的前提下,按《中华人民共和国招标投标法》及有关条款规定,最终以"不低于成本"的合理低价者中标。

# 第二节　工程量清单的编制

工程量清单是表现拟建工程的分部分项工程项目、措施项目、其他项目、规费项目和税金项目的名称及相应数量的明细清单。工程量清单包括分部分项工程量清单、措施项目清单、其他项目清单、规费项目清单和税金项目清单。

(1)工程量清单应由招标人负责编制,若招标人不具有编制工程量清单的能力,则可根据《工程造价咨询企业管理办法》的规定,委托具有工程造价咨询性质的工程造价咨询人编制。

(2)采用工程量清单方式招标,工程量清单必须作为招标文件的组成部分,其准确性和完整性由招标人负责。

(3)工程量清单是工程量清单计价的基础,应作为编制招标控制价、投标报价、计算工程量、支付工程款、调整合同价款、办理竣工结算以及工程索赔等的依据之一。

## 一、工程量清单编制的依据

工程量清单应依据以下资料进行编制:

(1)《建设工程工程量清单计价规范》(GB 50500—2008);

(2)国家或省级、行业建设主管部门颁发的计价依据和办法;

(3)建设工程设计文件;

(4)与建设工程项目有关的标准、规范、技术资料;

(5)招标文件及其补充通知、答疑纪要;

(6)施工现场情况、工程特点及常规施工方案;

(7)其他相关资料。

## 二、分部分项工程量清单

（1）分部分项工程量清单应包括项目编码、项目名称、项目特征、计量单位和工程量。这是构成分部分项工程量清单的五个要件,在分部分项工程量清单的组成中缺一不可。

（2）分部分项工程量清单应根据《建设工程工程量清单计价规范》（GB 50500—2008）中附录规定的项目编码、项目名称、项目特征、计量单位和工程量计算规则进行编制。

（3）分部分项工程量清单的项目编码应采用12位阿拉伯数字表示。其中,一、二位为工程分类顺序码,建筑工程为01,装饰装修工程为02,安装工程为03,市政工程为04,园林绿化工程为05,矿山工程为06;三、四位为专业工程顺序码;五、六位为分部工程顺序码;七、八、九位为分项工程项目名称顺序码;十至十二位为清单项目名称顺序码,应根据拟建工程的工程量清单项目名称设置,同一招标工程的项目编码不得有重码。

在编制工程量清单时应注意对项目编码的设置不得有重码,特别是当同一标段（或合同段）的一份工程量清单中含有多个单项或单位工程且工程量清单是以单项或单位工程为编制对象时,应注意项目编码中的十至十二位的设置不得重码。例如一个标段（或合同段）的工程量清单中含有三个单项或单位工程,每一单项或单位工程中都有项目特征相同的钢筋混凝土方桩,在工程量清单中又需反映三个不同单项或单位工程的钢筋混凝土方桩工程量时,此时工程量清单应以单项或单位工程为编制对象,第一个单项或单位工程的钢筋混凝土方桩的项目编码为040301003001,第二个单项或单位工程的钢筋混凝土方桩的项目编码为040301003002,第三个单项或单位工程的钢筋混凝土方桩的项目编码为040301003003,并分别列出各单项或单位工程钢筋混凝土方桩的工程量。

（4）分部分项工程量清单的项目名称应按《建设工程工程量清单计价规范》（GB 50500—2008）附录的项目名称结合拟建工程的实际确定。

（5）分部分项工程量清单中所列工程量应按《建设工程工程量清单计价规范》（GB 50500—2008）附录中规定的工程量计算规则计算❶。工程量的有效位数应遵守下列规定:

①以"t"为单位,应保留三位小数,第四位小数四舍五入;

②以"$m^3$""$m^2$""m""kg"为单位,应保留两位小数,第三位小数四舍五入;

③以"个""项"等为单位,应取整数。

（6）分部分项工程量清单的计量单位应按《建设工程工程量清单计价规范》（GB 50500—2008）附录中规定的计量单位确定,当计量单位有两个或两个以上时,应根据拟建工程项目的实际,选择最适宜表现该项目特征并方便计量的单位。

（7）分部分项工程量清单项目特征应按《建设工程工程量清单计价规范》（GB 50500—2008）附录中规定的项目特征,结合拟建工程项目的实际予以描述。工程量清单的项目特征是确定一个清单项目综合单价不可缺少的主要依据。

对工程量清单项目的特征描述具有十分重要的意义,其主要体现在以下几方面:

---

❶ 陈伯兴.市政工程造价计算指南[M].北京:中国建筑工业出版社,2018.

①项目特征是区分清单项目的依据。工程量清单项目特征是用来表述分部分项清单项目的实质内容，用于区分计价规范中同一清单条目下各个具体的清单项目。没有项目特征的准确描述，对于相同或相似的清单项目名称，就无从区分。

②项目特征是确定综合单价的前提。由于工程量清单项目的特征决定了工程实体的实质内容，必然直接决定了工程实体的自身价值。因此，工程量清单项目特征描述得准确与否，直接关系到工程量清单项目综合单价的准确确定。

③项目特征是履行合同义务的基础。实行工程量清单计价，工程量清单及其综合单价是施工合同的组成部分，因此如果工程量清单项目特征的描述不清甚至漏项、错误，从而引起在施工过程中的更改，都会引起分歧，导致纠纷。

正因为此，在编制工程量清单时，必须对项目特征进行准确而且全面的描述，准确地描述工程量清单的项目特征对于准确地确定工程量清单项目的综合单价具有决定性的作用。

在按《建设工程工程量清单计价规范》(GB 50500—2008)的附录对工程量清单项目特征进行描述时，应注意"项目特征"与"工程内容"的区别。项目特征是工程项目的实质，决定着工程量清单项目的价值大小；"工程内容"主要讲的是操作程序，是承包人完成能通过验收的工程项目所必须要操作的工序。在《建设工程工程量清单计价规范》(GB 50500—2008)中，工程量清单项目与工程量计算规则、工程内容具有一一对应的关系，当采用清单计价规范进行计价时，工作内容既有规定，无须再对其进行描述。而"项目特征"栏中的任何一项都影响着清单项目的综合单价的确定，招标人应高度重视分部分项工程量清单项目特征的描述，任何不描述或描述不清，均会在施工合同履约过程中产生分歧，导致纠纷、索赔。例如边墙砌筑按照清单计价规范中编码为 040402008 项目中"项目特征"栏的规定，发包人在对工程量清单项目进行描述时，就必须要对边墙砌筑的厚度、材料品种、规格、砂浆强度等级进行详细的描述，因为这其中任何一项的不同都直接影响到边墙砌筑的综合单价。而在该项"工程内容"栏中阐述了边墙砌筑应包括砌筑、勾缝、抹灰等施工工序，这些工序即便发包人不提，承包人为完成合格边墙砌筑工程也必然要经过，因而发包人在对工程量清单项目进行描述时就没有必要对边墙砌筑的施工工序对承包人提出规定。

但有些项目特征用文字往往又难以准确和全面地描述清楚。因此，为达到规范、简捷、准确、全面地描述项目特征的要求，在描述工程量清单项目特征时应按以下原则进行：

①项目特征描述的内容应按《建设工程工程量清单计价规范》(GB 50500—2008)附录中的规定，结合拟建工程的实际，能满足确定综合单价的需要。

②若采用标准图集或施工图纸能够全部或部分满足项目特征描述的要求，项目特征描述可直接采用详见××图集或××图号的方式。对不能满足项目特征描述要求的部分，仍应用文字描述。

(8)编制工程量清单出现《建设工程工程量清单计价规范》(GB 50500—2008)附录中未包括的项目，编制人应做补充，并报省级或行业工程造价管理机构备案，省级或行业工程造价管理机构应汇总报住房和城乡建设部标准定额研究所。补充项目的编码由附录的顺序码与 B 和三位阿拉伯数字组成，并应从×B001 起顺序编制，同一招标工程的项目不得重码。工程量清单中需附有补充项目的名称、项目特征、计量单位、工程量计算规则、工程内容。

### 三、措施项目清单

(1)措施项目清单应根据拟建工程的实际情况列项。通用措施项目可按表 3-1 选择列项,专业工程的措施项目可按《建设工程工程量清单计价规范》(GB 50500—2008)附录中规定的项目选择列项。若出现《建设工程工程量清单计价规范》(GB 50500—2008)未列的项目,可根据工程实际情况补充。

表 3-1 通用措施项目一览表

| 序号 | 项目名称 |
|:---:|:---:|
| 1 | 安全文明施工(含环境保护、文明施工、安全施工、临时设施) |
| 2 | 夜间施工 |
| 3 | 二次搬运 |
| 4 | 冬雨季施工 |
| 5 | 大型机械设备进出场及安拆 |
| 6 | 施工排水 |
| 7 | 施工降水 |
| 8 | 地上、地下设施,建筑物的临时保护设施 |
| 9 | 已完工程及设备保护 |

(2)措施项目中可以计算工程量的项目清单宜采用分部分项工程量清单的方式编制,列出项目编码、项目名称、项目特征、计量单位和工程量计算规则;不能计算工程量的项目清单,以"项"为计量单位。

(3)《建设工程工程量清单计价规范》(GB 50500—2008)将实体性项目划分为分部分项工程量清单,非实体性项目划分为措施项目。所谓非实体性项目,一般来说,其费用的发生和金额的大小与使用时间、施工方法或者两个以上工序相关,与实际完成的实体工程量的多少关系不大,典型的是大中型施工机械、文明施工和安全防护、临时设施等。但有的非实体性项目,则是可以计算工程量的项目,典型的是混凝土浇筑的模板工程,用分部分项工程量清单的方式采用综合单价,更有利于措施费的确定和调整,更有利于合同管理。

### 四、其他项目清单

(1)其他项目清单宜按照下列内容列项:

①暂列金额。是招标人在工程量清单中暂定并包括在合同价款中的一笔款项。暂列金额在《建设工程工程量清单计价规范》(GB 50500—2003)(简称 03 规范)中称为"预留金",但由于"03 规范"中对"预留金"的定义不是很明确,发包人也不能正确认识到"预留金"的作用,因而发包人往往回避"预留金"项目的设置。《建设工程工程量清单计价规

范》(GB 50500—2008)明确规定暂列金额用于施工合同签订时尚未确定或者不可预见的所需材料、设备、服务的采购、施工中可能发生的工程变更、合同约定调整因素出现时的工程价款调整以及发生的索赔、现场签证确认等的费用。

不管采用何种合同形式,工程造价理想的标准是,一份合同的价格就是其最终的竣工结算价格,或者至少两者应尽可能接近。我国规定对政府投资工程实行概算管理,经项目审批部门批复的设计概算是工程投资控制的刚性指标,即使商业性开发项目也有成本的预先控制问题;否则,无法相对准确预测投资的收益和科学合理地进行投资控制。但工程建设自身的特性决定了工程的设计,需要根据工程进展不断地进行优化和调整,业主需求可能会随工程建设进展出现变化,工程建设过程中还会存在一些不能预见、不能确定的因素。消化这些因素必然会影响合同价格的调整,暂列金额正是为这类不可避免的价格调整而设立的,以便达到合理确定和有效控制工程造价的目标。

另外,暂列金额列入合同价格不等于就属于承包人所有了,即使是总价包干合同,也不等于列入合同价格的所有金额就属于承包人,是否属于承包人应得金额取决于具体的合同约定,只有按照合同约定程序实际发生后,才能成为承包人的应得金额,纳入合同结算价款中。扣除实际发生金额后的暂列金额余额仍属于发包人所有。设立暂列金额并不能保证合同结算价格就不会再出现超过合同价格的情况,是否超出合同价格完全取决于工程量清单编制人暂列金额预测的准确性,以及工程建设过程是否出现了其他事先未预测到的事件。

②暂估价。指招标阶段直至签订合同协议时,招标人在招标文件中提供的用于支付必然发生但暂时不能确定价格的材料以及专业工程的金额。暂估价包括材料暂估单价和专业工程暂估价。暂估价类似于 FIDIC 合同条款中的 Prime cost Items,在招标阶段预见肯定要发生,只是因为标准不明确或者需要由专业承包人完成,暂时无法确定价格。暂估价数量和拟用项目应当结合工程量清单中的"暂估价表"予以补充说明。

为方便合同管理,需要纳入分部分项工程量清单项目综合单价中的暂估价应只是材料费,以方便投标人组价。

专业工程的暂估价一般应是综合暂估价,应当包括除规费和税金外的管理费、利润等取费。总承包招标时,专业工程设计深度往往是不够的,一般需要交由专业设计人设计,国际上,出于提高可建造性考虑,一般由专业承包人负责设计,以发挥其专业技能和专业施工经验的优势。这类专业工程交由专业分包人完成是国际工程的良好实践,目前在我国工程建设领域也已经比较普遍。公开透明地合理确定这类暂估价的实际开支金额的最佳途径,就是通过施工总承包人与工程建设项目招标人共同组织的招标。

③计日工。计日工在"03规范"中称为"零星项目工作费"。计日工是为解决现场发生的零星工作的计价而设立的,它为额外工作和变更的计价提供了一个方便快捷的途径。计日工适用的所谓零星工作一般是指合同约定之外的或者因变更而产生的、工程量清单中没有相应项目的额外工作,尤其是那些时间不允许事先商定价格的额外工作。计日工以完成零星工作所消耗的人工工时、材料数量、机械台班进行计量,并按照计日工表中填报的适用项目的单价进行计价支付。

国际上常见的标准合同条款中,大多数都设立了计日工计价机制。但在我国以往的工程量清单计价实践中,由于计日工项目的单价水平一般要高于工程量清单项目的单价水平,因而经常被忽略。从理论上讲,由于计日工往往是用于一些突发性的额外工作,缺少计划性,承包人在调动施工生产资源方面难免不影响已经计划好的工作,生产资源的使用效率也有一定的降低,客观上造成超出常规的额外投入。另外,其他项目清单中计日工往往是一个暂定的数量,其无法纳入有效的竞争。所以,合理的计日工单价水平一定是要高于工程量清单的价格水平的。为获得合理的计日工单价,发包人在其他项目清单中对计日工一定要给出暂定数量,并需要根据经验尽可能估算一个较接近实际的数量。

④总承包服务费。是为了解决招标人在法律、法规允许的条件下进行专业工程发包,以及自行供应材料、设备,并需要总承包人对发包的专业工程提供协调和配合服务,对供应的材料、设备提供收、发和保管服务以及进行施工现场管理时发生,并向总承包人支付的费用。招标人应预计该项费用并按投标人的投标报价向投标人支付该项费用。

(2)当工程实际中出现上述第(1)条中未列出的其他项目清单项目时,可根据工程实际情况进行补充。如工程竣工结算时出现的索赔和现场签证等。

## 五、规费项目清单

规费是根据省级政府或省级有关权力部门规定必须缴纳的,应计入建筑安装工程造价的费用。根据建设部、财政部《关于印发〈建筑安装工程费用项目组成〉的通知》(建标〔2003〕206 号)的规定,规费包括工程排污费、工程定额测定费、社会保障费(养老保险费、失业保险费、医疗保险费)、住房公积金、危险作业意外伤害保险。清单编制人对《建筑安装工程费用项目组成》未包括的规费项目,在编制规费项目清单时应根据省级政府或省级有关权力部门的规定列项。

规费项目清单中应按下列内容列项:

(1)工程排污费。

(2)工程定额测定费。

(3)社会保障费。包括养老保险费、失业保险费、医疗保险费。

(4)住房公积金。

(5)危险作业意外伤害保险。

## 六、税金项目清单

根据建设部、财政部《关于印发〈建筑安装工程费用项目组成〉的通知》(建标〔2003〕206 号)的规定,目前我国税法规定应计入建筑安装工程造价的税种包括营业税、城市建设维护税及教育费附加。如国家税法发生变化,税务部门依据职权增加了税种,应对税金项目清单进行补充。

税金项目清单应按下列内容列项:

(1)营业税。

(2)城市维护建设税。

(3)教育费附加。

# 第三节 工程量清单计价

## 一、招标控制价

招标控制价是招标人根据国家或省级、行业建设主管部门颁发的有关计价依据和办法,按设计施工图纸计算的,对招标工程限定的最高工程造价。国有资金投资的工程建设项目应实行工程量清单招标,并应编制招标控制价。

### (一)招标控制价的作用

(1)我国对国有资金投资项目的投资控制实行的是投资概算审批制度,国有资金投资的工程原则上不能超过批准的投资概算。因此,在工程招标发包时,当编制的招标控制价超过批准的概算,招标人应当将其报原概算审批部门重新审核❶。

(2)国有资金投资的工程进行招标,根据《中华人民共和国招标投标法》的规定,招标人可以设标底。当招标人不设标底时,为有利于客观、合理地评审投标报价和避免哄抬标价,造成国有资产流失,招标人应编制招标控制价。

(3)国有资金投资的工程,招标人编制并公布的招标控制价相当于招标人的采购预算,同时要求其不能超过批准的概算,因此招标控制价是招标人在工程招标时能接受投标人报价的最高限价。国有资金中的财政性资金投资的工程在招标时还应符合《中华人民共和国政府采购法》相关条款的规定。如该法第三十六条规定:在招标采购中,出现下列情形之一的,应予废标……投标人的报价均超过了采购预算,采购人不能支付的。所以国有资金投资的工程,投标人的投标报价不能高于招标控制价;否则,其投标将被拒绝。

### (二)招标控制价的编制人员

招标控制价应由具有编制能力的招标人编制,当招标人不具有编制招标控制价的能力时,可委托具有相应资质的工程造价咨询人编制。工程造价咨询人不得同时接受招标人和投标人对同一工程的招标控制价和投标报价进行编制。

所谓具有相应工程造价咨询资质的工程造价咨询人,是指根据《工程造价咨询企业管理办法》的规定,依法取得工程造价咨询企业资质,并在其资质许可的范围内接受招标人的委托,编制招标控制价的工程造价咨询企业。即取得甲级工程造价咨询资质的咨询人可承担各类建设项目的招标控制价的编制,取得乙级(包括乙级暂定)工程造价咨询资质的咨询人,则只能承担 5 000 万元以下的招标控制价的编制。

### (三)招标控制价编制的依据

招标控制价的编制应根据下列资料进行:

(1)《建设工程工程量清单计价规范》(GB 50500—2008)。

(2)国家或省级、行业建设主管部门颁发的计价定额和计价办法。

(3)建设工程设计文件及相关资料。

(4)招标文件中的工程量清单及有关要求。

---

❶ 王伟胜.市政工程质量常见问题防治手册[M].北京:中国建筑工业出版社,2018.

(5)与建设项目相关的标准、规范、技术资料。

(6)工程造价管理机构发布的工程造价信息;工程造价信息没有发布的参照市场价。

(7)其他的相关资料。

按上述依据进行招标控制价编制,应注意以下事项:

(1)使用的计价标准、计价政策应是国家或省级、行业建设主管部门颁布的计价定额和相关政策规定。

(2)采用的材料价格应是工程造价管理机构通过工程造价信息发布的材料单价;工程造价信息未发布材料单价的材料,其材料价格应通过市场调查确定。

(3)国家或省级、行业建设主管部门对工程造价计价中费用或费用标准有规定的,应按规定执行。

**(四)招标控制价的编制**

(1)分部分项工程费应根据招标文件中的分部分项工程量清单项目的特征描述及有关要求,按规定确定综合单价进行计算。综合单价中应包括招标文件中要求投标人承担的风险费用。招标文件提供了暂估单价的材料,按暂估的单价计入综合单价。

(2)措施项目费应按招标文件中提供的措施项目清单确定,措施项目采用分部分项工程综合单价形式进行计价的工程量,应按措施项目清单中的工程量,并按规定确定综合单价;以"项"为单位的方式计价的,按规定确定除规费、税金外的全部费用。措施项目费中的安全文明施工费应当按照国家或省级、行业建设主管部门的规定标准计价。

(3)其他项目费应按下列规定计价:

①暂列金额。暂列金额由招标人根据工程特点,按有关计价规定进行估算确定。为保证工程施工建设的顺利实施,在编制招标控制价时应对施工过程中可能出现的各种不确定因素对工程造价的影响进行估算,列出一笔暂列金额。暂列金额可根据工程的复杂程度、设计深度、工程环境条件(包括地质、水文、气候条件等)进行估算,一般可按分部分项工程费的 10%~15% 作为参考。

②暂估价。包括材料暂估价和专业工程暂估价。暂估价中的材料单价应按照工程造价管理机构发布的工程造价信息或参考市场价格确定;暂估价中的专业工程暂估价应分不同专业,按有关计价规定估算。

③计日工。包括计日工人工、材料和施工机械。在编制招标控制价时,对计日工中的人工单价和施工机械台班单价应按省级、行业建设主管部门或其授权的工程造价管理机构公布的单价计算;材料应按工程造价管理机构发布的工程造价信息中的材料单价计算,工程造价信息未发布材料单价的材料,其价格应按市场调查确定的单价计算。

④总承包服务费。招标人应根据招标文件中列出的内容和向总承包人提出的要求,参照下列标准计算:一是,招标人仅要求对分包的专业工程进行总承包管理和协调时,按分包的专业工程估算造价的 1.5% 计算;二是,招标人要求对分包的专业工程进行总承包管理和协调,并同时要求提供配合服务时,根据招标文件中列出的配合服务内容和提出的要求,按分包的专业工程估算造价的 3%~5% 计算;三是,招标人自行供应材料的,按招标人供应材料价值的 1% 计算。

(4)招标控制价的规费和税金必须按国家或省级、行业建设主管部门的规定计算。

### (五)招标控制价编制注意事项

(1)招标控制价的作用决定了招标控制价不同于标底,无须保密。为体现招标的公平、公正,防止招标人有意抬高或压低工程造价,招标人应在招标文件中如实公布招标控制价,不得对所编制的招标控制价进行上浮或下调。招标人在招标文件中公布招标控制价时,应公布招标控制价各组成部分的详细内容,不得只公布招标控制价总价。同时,招标人应将招标控制价报工程所在地的工程造价管理机构备查。

(2)投标人经复核认为招标人公布的招标控制价未按照《建设工程工程量清单计价规范》(GB 50500—2008)的规定进行编制的,应在开标前 5 天向招投标监督机构或(和)工程造价管理机构投诉。招投标监督机构应会同工程造价管理机构对投诉进行处理,发现确有错误的,应责成招标人修改。

## 二、投标价

### (一)投标价编制的依据

投标价应依据下列资料进行编制:

(1)《建设工程工程量清单计价规范》(GB 50500—2008)。

(2)国家或省级、行业建设主管部门颁发的计价办法。

(3)企业定额,国家或省级、行业建设主管部门颁发的计价定额。

(4)招标文件、工程量清单及其补充通知、答疑纪要。

(5)建设工程设计文件及相关资料。

(6)施工现场情况、工程特点及拟定的投标施工组织设计或施工方案。

(7)与建设项目相关的标准、规范等技术资料。

(8)市场价格信息或工程造价管理机构发布的工程造价信息。

(9)其他的相关资料。

### (二)投标价的编制

#### 1.分部分项工程费

分部分项工程费包括完成分部分项工程量清单项目所需的人工费、材料费、施工机械使用费、企业管理费、利润,以及一定范围内的风险费用。分部分项工程费应按分部分项工程清单项目的综合单价计算。投标人投标报价时依据招标文件中分部分项工程量清单项目的特征描述确定清单项目的综合单价。在招标投标过程中,当出现招标文件中分部分项工程量清单特征描述与设计图纸不符时,投标人应以分部分项工程量清单的项目特征描述为准,确定投标报价的综合单价。当施工中施工图纸或设计变更与工程量清单项目特征描述不一致时,发、承包双方应按实际施工的项目特征,依据合同约定重新确定综合单价。

招标文件中提供了暂估单价的材料,应按暂估的单价计入综合单价;综合单价中应考虑招标文件中要求投标人承担的风险内容及其范围(幅度)产生的风险费用。在施工过程中,当出现的风险内容及其范围(幅度)在合同约定的范围内时,工程价款不做调整。

#### 2.措施项目费

(1)投标人可根据工程实际情况并结合施工组织设计,对招标人所列的措施项目进行增补。由于各投标人拥有的施工装备、技术水平和采用的施工方法有所差异,招标人提出的措施项目清单是根据一般情况确定的,没有考虑不同投标人的"个性",投标人投标时应根据自身编制的投标施工组织设计或施工方案确定措施项目,对招标人提供的措施项目进行调整。投标人根据投标施工组织设计或施工方案调整和确定的措施项目应通过评标委员会的评审。

(2)措施项目费的计算原则:①措施项目的内容应依据招标人提供的措施项目清单和投标人投标时拟定的施工组织设计或施工方案;②措施项目费的计价方式应根据招标文件的规定,可以计算工程量的措施清单项目采用综合单价方式报价,其余的措施清单项目采用以"项"为计量单位的方式报价;③措施项目费由投标人自主确定,但其中安全文明施工费应按国家或省级、行业建设主管部门的规定确定,且不得作为竞争性费用。

3.其他项目费

投标人对其他项目费投标报价应按以下原则进行:

(1)暂列金额应按照其他项目清单中列出的金额填写,不得变动。

(2)暂估价不得变动和更改。暂估价中的材料必须按照其他项目清单中列出的暂估单价计入综合单价;专业工程暂估价必须按照其他项目清单中列出的金额填写。

(3)计日工应按照其他项目清单列出的项目和估算的数量,自主确定各项综合单价并计算费用。

(4)总承包服务费应依据招标人在招标文件中列出的分包专业工程内容和供应材料、设备情况,按照招标人提出的协调、配合与服务要求和施工现场的管理需要自主确定。

4.规费和税金

规费和税金应按国家或省级、行业建设主管部门的规定计算,不得作为竞争性费用。规费和税金的计取标准是依据有关法律、法规和政策规定制定的,具有强制性。投标人是法律、法规和政策的执行者,不能改变,更不能指定,而必须按照法律、法规、政策的有关规定执行。

5.投标总价

实行工程量清单招标,投标人的投标总价应当与组成工程量清单的分部分项工程费、措施项目费、其他项目费和规费、税金的合计金额相一致,即投标人在投标报价时,不能进行投标总价优惠(或降价、让利),投标人对招标人的任何优惠(或降价、让利)均应反映在相应清单项目的综合单价中。

## 三、工程合同价款的约定

(1)实行招标的工程,合同约定不得违背招标文件中关于工期、造价、资质等方面的实质性内容。所谓合同实质性内容,按照《中华人民共和国合同法》第三十条规定:有关合同标的、数量、质量、价款或者报酬、履行期限、履行地点和方式、违约责任和解决争议方法等的变更,是对要约内容的实质性变更。

在工程招标投标及建设工程合同签订过程中,招标文件应视为要约邀请,投标文件为要约,中标通知书为承诺。因此,在签订建设工程合同时,当招标文件与中标人的投标文件有不一致的地方,应以投标文件为准。

（2）工程合同价款的约定是建设工程合同的主要内容。根据有关法律条款的规定，实行招标的工程合同价款应在中标通知书发出之日起 30 天内，由发、承包双方依据招标文件和中标人的投标文件在书面合同中约定。

不实行招标的工程合同价款，在发、承包双方认可的工程价款基础上，由发、承包双方在合同中约定。

工程合同价款的约定应满足以下几个方面的要求：

①约定的依据要求：招标人向中标的投标人发出的中标通知书；

②约定的时间要求：自招标人发出中标通知书之日起 30 天内；

③约定的内容要求：招标文件和中标人的投标文件；

④合同的形式要求：书面合同。

（3）合同形式。工程建设合同的形式主要有单价合同和总价合同两种。合同的形式对工程量清单计价的适用性不构成影响，无论是单价合同还是总价合同均可以采用工程量清单计价。区别仅在于工程量清单中所填写的工程量的合同约束力。采用单价合同形式时，工程量清单是合同文件必不可少的组成内容，其中的工程量一般具备合同约束力（量可调），工程款结算时按照合同中约定应予计量并实际完成的工程量进行调整。由招标人提供统一的工程量清单则彰显了工程量清单计价的主要优点。而对总价合同形式，工程量清单中的工程量不具备合同的约束力（量不可调），工程量以合同图纸的标示内容为准，工程量以外的其他内容一般均赋予合同约束力，以方便合同变更的计量和计价。

《建设工程工程量清单计价规范》（GB 50500—2008）规定：实行工程量清单计价的工程，宜采用单价合同方式，即合同约定的工程价款中所包含的工程量清单项目综合单价在约定条件内是固定的，不予调整，工程量允许调整。工程量清单项目综合单价在约定的条件外，允许调整，但调整方式、方法应在合同中约定。

清单计价规范规定实行工程量清单计价的工程宜采用单价合同，并不表示排斥总价合同。总价合同适用规模不大、工序相对成熟、工期较短、施工图纸完备的工程施工项目。

（4）合同价款的约定事项。发、承包双方应在合同条款中对下列事项进行约定；合同中没有约定或约定不明的，由双方协商确定；协商不能达到一致的，按《建设工程工程量清单计价规范》（GB 50500—2008）执行。

①预付工程款的数额、支付时间及抵扣方式。预付款是发包人为解决承包人在施工准备阶段资金周转问题提供的协助。如使用大宗材料，可根据工程具体情况设置工程材料预付款。

②工程计量与支付工程进度款的方式、数额及时间。

③工程价款的调整因素、方法、程序、支付及时间。

④索赔与现场签证的程序、金额确认与支付时间。

⑤发生工程价款争议的解决方法及时间。

⑥承担风险的内容、范围以及超出约定内容、范围的调整办法。

⑦工程竣工价款结算编制与核对、支付及时间。

⑧工程质量保证（保修）金的数额、预扣方式及时间。

⑨与履行合同、支付价款有关的其他事项等。

由于合同中涉及工程价款的事项较多,能够详细约定的事项应尽可能具体约定,约定的用词应尽可能唯一,如有几种解释,最好对用词进行定义,尽量避免因理解上的歧义造成合同纠纷。

### 四、工程计量与价款支付

#### (一)预付款的支付和抵扣

发包人应按合同约定的时间和比例(或金额)向承包人支付工程预付款。支付的工程预付款,按合同约定在工程进度款中抵扣。当合同对工程预付款的支付没有约定时,按以下规定办理:

(1)工程预付款的额度。原则上预付比例不低于合同金额(扣除暂列金额)的10%,不高于合同金额(扣除暂列金额)的30%,对重大工程项目,按年度工程计划逐年预付。实行工程量清单计价的工程,实体性消耗和非实体性消耗部分宜在合同中分别约定预付款比例(或金额)。

(2)工程预付款的支付时间。在具备施工条件的前提下,发包人应在双方签订合同后的1个月内或约定的开工日期前的7天内预付工程款。

(3)若发包人未按合同约定预付工程款,承包人应在预付时间到期后10天内向发包人发出要求预付款的通知,发包人收到通知后仍不按要求预付,承包人可在发出通知14天后停止施工,发包人应从约定应付之日起按同期银行贷款利率计算向承包人支付应付预付的利息,并承担违约责任。

(4)凡是没有签订合同或不具备施工条件的工程,发包人不得预付工程款,不得以预付款为名转移资金。

#### (二)进度款的计量与支付

发包人支付工程进度款,应按照合同计量和支付。工程量的正确计量是发包人向承包人支付工程进度款的前提和依据。计量和付款周期可采用按月或分段结算的方式。

(1)按月结算与支付。即实行按月支付进度款,竣工后结算的办法。合同工期在两个年度以上的工程,在年终进行工程盘点,办理年度结算。

(2)分段结算与支付。即当年开工、当年不能竣工的工程按照工程形象进度,划分不同阶段,支付工程进度款。

当采用分段结算方式时,应在合同中约定具体的工程分段划分,付款周期应与计量周期一致。

#### (三)工程价款计量与支付方法

1.工程计量

(1)工程计量时,若发现工程量清单中出现漏项、工程量计算偏差,以及工程变更引起工程量的增减,应按承包人在履行合同义务过程中实际完成的工程量计算。

(2)承包人应按照合同约定,向发包人递交已完工程量报告。发包人应在接到报告后按合同约定进行核对。当发、承包双方在合同中未对工程量的计量时间、程序、方法和要求做约定时,按以下规定处理:①承包人应在每个月月末或合同约定的工程段末向发包人递交上月或工程段已完工程量报告。②发包人应在接到报告后7天内按施工图纸(含设计变更)核对已完工程量,并应在计量前 24 小时通知承包人。承包人应按时参加。③计量结果:a.如发、承包双方均同意计量结果,则双方应签字确认。b.如承包人未按通知参加计量,则由发包人批准的计量应认为是对工程量的正确计量。c.如发包人未在规定的核对时间内进行计量,视为承包人提交的计量报告已经认可。d.如发包人未在规定的核对时间内通知承包人,致使承包人未能参加计量,则由发包人所做的计量结果无效。e.对于承包人超出施工图纸范围或因承包人造成返工的工程量,发包人不予计量。f.如承包人不同意发包人的计量结果,承包人应在收到上述结果后 7 天内向发包人提出,申明承包人认为不正确的详细情况。发包人收到后,应在 2 天内重新检查对有关工程量的计量,或予以确认,或将其修改。发、承包双方认可的核对后的计量结果应作为支付工程进度款的依据。

2.工程进度款支付申请

承包人应在每个付款周期末(月末或合同约定的工程段完成后)向发包人递交进度款支付申请,并附相应的证明文件。除合同另有约定外,进度款支付申请应包括下列内容:①本周期已完成工程的价款;②累计已完成的工程价款;③累计已支付的工程价款;④本周期已完成计日工金额;⑤应增加和扣减的变更金额;⑥应增加和扣减的索赔金额;⑦应抵扣的工程预付款。

3.发包人支付工程进度款

发包人在收到承包人递交的工程进度款支付申请及相应的证明文件后,发包人应在合同约定时间内核对承包人的支付申请并应按合同约定的时间和比例向承包人支付工程进度款。发包人应扣回的工程预付款,与工程进度款同期结算抵扣。

当发、承包双方在合同中未对工程进度款支付申请的核对时间以及工程进度款支付时间、支付比例做约定时,按以下规定办理:

(1)发包人应在收到承包人的工程进度款支付申请后 14 天内核对完毕;否则,从第 15 天起承包人递交的工程进度款支付申请视为被批准。

(2)发包人应在批准工程进度款支付申请的 14 天内,按不低于计量工程价款的 60%,不高于计量工程价款的 90%向承包人支付工程进度款。

(3)发包人在支付工程进度款时,应按合同约定的时间、比例(或金额)扣回工程预付款。

**(四)争议的处理**

(1)发包人未在合同约定时间内支付工程进度款,承包人应及时向发包人发出要求付款的通知,发包人收到承包人通知后仍不按要求付款,可与承包人协商签订延期付款协议,经承包人同意后延期支付。协议应明确延期支付的时间和从付款申请生效后按同期银行贷款利率计算应付款的利息。

(2)发包人不按合同约定支付工程进度款,双方又未达到延期付款协议,导致施工无法进行时,承包人可停止施工,由发包人承担违约责任。

## 五、索赔与现场签证

**(一)索赔**

1.索赔的条件

合同一方向另一方提出索赔时,应有正当的索赔理由和有效证据,并应符合合同的相关约定。建设工程施工中的索赔是发、承包双方行使正当权利的行为,承包人可向发包人索赔,发包人也可向承包人索赔。任何索赔事件的确立,其前提条件是必须有正当的索赔理由。对正当索赔理由的说明必须具有证据,因为进行索赔主要是靠证据说话。没有证据或证据不足,索赔是难以成功的。

2.索赔证据

(1)索赔证据的要求。一般有效的索赔证据都具有以下几个特征:①及时性:既然干扰事件已发生,又意识到需要索赔,就应在有效时间内提出索赔意向。在规定的时间内报告事件的发展影响情况,在规定时间内提交索赔的详细额外费用计算账单,对发包人或工程师提出的疑问及时补充有关材料。如果拖延太久,将增加索赔工作的难度。②真实性:索赔证据必须是在实际过程中产生的,完全反映实际情况,能经得住对方的推敲。由于在工程过程中合同双方都在进行合同管理,收集工程资料,所以合同双方应有相同的证据。使用不实的、虚假证据是违反商业道德甚至法律的。③全面性:所提供的证据应能说明事件的全过程。索赔报告中所涉及的干扰事件、索赔理由、索赔值等都应有相应的证据,不能凌乱和支离破碎;否则发包人将退回索赔报告,要求重新补充证据。这会拖延索赔的解决,损害承包商在索赔中的有利地位。④关联性:索赔的证据应当能互相说明,相互具有关联性,不能互相矛盾。⑤法律证明效力:索赔证据必须有法律证明效力,特别对准备递交仲裁的索赔报告更要注意这一点。

a.证据必须是当时的书面文件,一切口头承诺、口头协议不算。

b.合同变更协议必须由双方签署,或以会谈纪要的形式确定,且为决定性决议。一切商讨性、意向性的意见或建议都不算。

c.工程中的重大事件、特殊情况的记录应由工程师签署认可。

(2)索赔证据的种类。①招标文件、工程合同、发包人认可的施工组织设计、工程图纸、技术规范等。②工程各项有关的设计交底记录、变更图纸、变更施工指令等。③工程各项经发包人或合同中约定的发包人现场代表或监理工程师签认的签证。④工程各项往来信件、指令、信函、通知、答复等。⑤工程各项会议纪要。⑥施工计划及现场实施情况记录。⑦施工日报及工长工作日志、备忘录。⑧工程送电、送水与道路开通、封闭的日期及数量记录。⑨工程停电、停水和干扰事件影响的日期及恢复施工的日期记录。⑩工程预付款、进度款拨付的数额及日期记录。工程图纸、图纸变更、交底记录的送达份数及日期记录。工程有关施工部位的照片及录像等。工程现场气候记录,如有关天气的温度、风力、雨雪等。工程验收报告及各项技术鉴定报告等。工程材料采购、订货、运输、进场、验收、使用等方面的凭据。国家和省级或行业建设主管部门有关影响工程造价、工期的文件、规定等。

**(二)现场签证**

(1)承包人应发包人要求完成合同以外的零星工作或非承包人责任事件发生时,承包人应按合同约定及时向发包人提出现场签证。若合同中未对此做出具体约定,按照财政部、建设部印发的《建设工程价款结算暂行办法》(财建〔2004〕369号)的规定,发包人要求承包人完成合同以外零星项目,承包人应在接受发包人要求的7天内就用工数量和单价、机械台班数量和单价、使用材料和金额等向发包人提出施工签证,发包人签证后施工,如发包人未签证,承包人施工后发生争议的,责任由承包人自负。

发包人应在收到承包人的签证报告48小时内给予确认或提出修改意见,否则,视为该签证报告已经认可。

(2)按照财政部、建设部印发的《建设工程价款结算办法》(财建〔2004〕369号)第十五条的规定:发包人和承包人要加强施工现场的造价控制,及时对工程合同外的事项如实记录并履行书面手续。凡由发、承包双方授权的现场代表签字的现场签证以及发、承包双方协商确定的索赔等费用,应在工程竣工结算中如实办理,不得因发、承包双方现场代表的中途变更改变其有效性。《建设工程工程量清单计价规范》(GB 50500—2008)规定:发、承包双方确认的索赔和现场签证费用与工程进度款同期支付。此举可避免发包方变相拖延工程款以及发包人以现场代表变更而不承认某些索赔或签证的事件发生。

# 第四章 市政道路工程施工技术

## 第一节 城市道路工程施工内容和基本要求

### 一、城市道路施工分类

城市道路根据项目建设的性质分为新建和改建两类。

新建道路:城市规划或交通规划中明确的新建道路或决策机构筛选出的新建项目,新区、高新技术区、城市拓展区的道路建设属于这一类型,这类型的道路施工相对简单,施工对周边道路交通影响也相对有限,只是在相交道路部分需要考虑交通阻隔,以及施工运输车辆造成的交通拥堵。

改建道路:大规模城市改造中原有道路不能适应发展要求需要改造升级、拓建、绿化美化。改建道路所在路网往往是交通量较大区域,改建道路的实施,不但影响自身路段的交通,还将自身的部分或全部交通负荷转移到周边的路网上,使已经饱和的路网交通压力突然增大,往往造成整个区域的交通拥挤。改建道路根据建设项目的等级、规模和影响,按其对城市道路的施工占道情况分为完全占道、部分占道和基本不占道施工三类。

完全占道的施工:集中施工,完全封闭施工道路上的交通。这种情况对道路交通的影响表现为:道路完全断流,车辆须绕道行驶,增加其他道路的交通压力,并可能导致相接道路成为断头路;影响周边建筑物的对外交通,包括车辆出行和行人出行;影响两侧人行道行人的正常通行;需要调整途经的公交线路,给市民的出行带来不便;改变现有的交通设施,对周边的环境产生影响。此种情况对城市的交通影响最大,道路交通组织需要慎重考虑。

部分占道的施工:施工时分段或分方向地进行。这种情况对道路的影响表现为:道路被部分占用,容易形成交通瓶颈,道路通行能力减小,影响周围建筑物的对外交通,包括车辆和行人的出行,影响两侧人行道行人的正常出行,公交停靠设施可能需要迁移,增加市民的出行距离;同样,对周边的交通环境会产生较大影响。此种情况对地区的交通非常敏感,稍有不慎也会导致地区的交通瘫痪。

基本不占道的施工:项目本身的道路红线很宽,断面形式便于改造,越线违章建筑较少,改建以断面改造为主,改造影响范围较小,基本不占道。此种情况对道路的交通影响相对较小,但出入施工场地的车辆可能会对相邻道路的交通产生一定影响,也给周边建筑物的对外交通带来不便,应根据实际情况合理处理。

### 二、城市道路施工特点

城市道路施工不同于普通公路、高速公路的施工,普通公路、高速公路的施工几乎不涉及地下管线且不考虑人流、车流对施工的影响,而城市道路施工却涉及道路、电力、通信、燃气、热力、给水排水的管道线网的布设,涉及人流、车流的交通组织,因而在施工中涉及上述多家单位参与建设或协调,因此城市道路施工相对于公路工程要复杂得多。城市道路施工有以下特点。

## (一)施工工期紧,任务重

交通是城市的命脉,这就决定了城市道路的建设必须在最短的时间内完成,以尽可能减少施工对社会的影响,并且尽快发挥其预定作用。因此,城市道路工程对施工工期的要求十分严格,工期只能提前不能推后,施工单位往往根据总工期倒排进度计划。另外,城市道路施工一般都要进行交通封闭,而交通封闭都有明确的期限,到期必须开放交通,所以一旦交通封闭完成就必须立即开工,按期通车,按期开放交通。

## (二)动迁量大,施工条件差

城市是居民生活的聚集区,各种建筑物占地面积广,导致部分建筑物处在道路红线范围内,需要进行拆迁。城市道路施工常常影响施工路段的环境和周围的交通,给市民的生活和生产带来不便,同时由于市民出行的干扰,导致施工场地受限,需要频繁的交通转换,增加了对道路工程进行进度控制、质量控制、安全管理的难度。

## (三)地下管线复杂

城市道路工程建设实施当中,经常遇到电力、通信、燃气、热力、给水排水的管道线网位置不明,产权单位提供的管位图与实际埋设位置出入较大的情况,若盲目施工极有可能挖断管线,造成重大的经济损失和严重的社会影响,增加额外的投资费用。

## (四)管线迁改程序复杂,管线类型多,施工单位多,施工协调难度大

城市道路施工中往往涉及大量正在运营的既有线路的迁改和新建,由于这些管线分属不同的产权单位,不同专业施工门类,需要不同施工资质的施工单位,根据施工进展情况安排进出场,由此带来施工协调难度很大的情况,需要建设单位组织定期召开协调会。

## (五)质量控制难度大

在城市道路施工中,由于工期紧,往往出现片面追求进度而忽视质量管理的情况,另外城市道路路基施工中由于施工断面短小给大型设备的使用带来困难,井周、管线回填、构造物回填等质量薄弱点多,路面施工中人、车流的干扰,客观上都对质量控制造成影响。要多方控制协调,方能保证正常施工。

## (六)车辆行人的干扰大,交通组织压力大

在城市道路施工期间,施工区域会占据部分行车线路,为了尽量减小城市道路施工对交通的影响,城市道路施工往往采取分段施工、分车道和分时段施工等诸多方法来尽量降低对交通的影响,但是由于上下班高峰期车流量特别大,施工路段的道路不能满足顺畅通车要求,容易造成拥堵现象。施工车辆与社会车辆、行人的交织也给交通及施工安全带来极大隐患,如何组织好交通,在城市道路建设中尤为重要。

## (七)环保要求提高

城市道路施工期间,原材料的运输和装卸、施工机械作业等环节会造成周围道路的污染,会产生扬尘、噪声、污水、垃圾等对环境有不利影响的因素,随着人们环境保护意识的

提高,这些不利因素都必须在施工中尽量消除和避免,尽力为人们维持一个安静祥和的生活环境是城市道路施工的新任务❶。

### (八) 景观绿化生态要求提高

城市道路是城市景观的视觉走廊,同时也是城市文化、品质和风貌的展示窗口,也应该是人们了解、感受和体验城市绝佳的界面,随着打造"宜居城市""环境友好"城市理念的提出,城市道路不再是传统意义上的人车出行通道,也赋予了美化城市、净化城市、亮化城市的职能。

## 三、城市道路施工内容

城市道路的主要施工内容有管线施工、软基或特殊路段地基处理、路基施工、路面施工、路缘石施工、人行道板施工、城市道路绿化。

管线施工是将各类管线预埋至地下,以充分利用城市道路的地下空间。管线的位置一般处在车道分隔带下方、非机动车道下方和道路两侧绿化带下方,这样既方便施工,又方便管线的维修。管线的种类不同,使得各类管线的施工工艺、工序不尽相同。

软基或特殊路段地基处理是指如果地基不够坚固,为防止地基下沉拉裂造成路面破坏、沉降等事故,需要对软地基进行处理,使其沉降变得足够坚固,提高软地基的固结度和稳定性。目前主要的处理方法有换填、抛石填筑、盲沟、排水砂垫层、石灰浅坑法等。

路基施工主要是通过土石方作业,修筑满足性能设计要求的路基结构物,并为路面结构层施工提供平台。路基的施工工艺较简单,但工程量较大,涉及面广,比如土方调配、管线配合施工等。

路面施工包括底基层施工、基层施工、面层施工。路面施工要求严格:必须使路面具有足够的强度,抵抗车辆对路面的破坏或产生过大的形变;具有较高的稳定性,使路面强度在使用期内不致因水文、温度等自然因素的影响而产生幅度过大的变化;具有一定的平整度,以减小车轮对路面的冲击力,保证车辆安全舒适地行驶;具有适当的抗滑能力,避免车辆在路面上行驶、起动和制动时发生滑溜危险;行车时不致产生过大的扬尘现象,以减少路面和车辆机件的损坏,减少环境污染。

路缘石是设置在路面与其他构造物之间的标石,起到分割机动车道、非机动车道与人行道并引导行车视线的作用。

人行道是城市道路中供行人行走的通道。人行道一般高于机动车、非机动车车道。人行道中必须按要求设置盲道,并与相邻构造物接顺。

城市道路绿化是指在道路两旁及分隔带内栽植树木、花草以及护路林等,以达到隔绝噪声、净化空气、美化环境的目的。道路绿化起到改善城市生态环境和丰富城市景观的作用,但需避免绿化影响交通安全。

另外,城市道路施工还包括公交站台、交通信号指挥系统、交通工程(指示牌、交通标线)、照明及亮化的工程的施工。

---

❶ 杜文风,张慧.空间结构[M].北京:中国电力出版社,2008.

### 四、城市道路施工基本要求

路基施工要求有足够的强度,变形不超过允许值,整体稳定性好,具有足够的水稳定性。

路面施工必须满足设计要求的承载力,平整度良好,具有较高的温度稳定性,抗滑指标、透水指标符合规范要求,尽量降低行车噪声。

桥头施工及管线铺设完成后需进行回填压实,压实过程需严格按照规范要求进行,确保桥头不跳车、管线部位路基无沉降。位于行车道内的管井口,需进行井周加固,防止井口下沉,施工中要严格控制井口高程,使得管井口与路面平顺无跳车。

管线、管廊在施工完成后应清理干净,雨水管出口应明确,并与既有水系沟通。道路景观要充分利用道路沿线原有的地形地貌,因地制宜地进行绿化布局,在满足交通需要的前提下,突出自然与人文结合、景观与生态结合,形成城市独有的绿化景观文化。

路缘石施工要求缘石的质量符合设计要求,安砌稳固,顶面平整,缝宽密实,线条直顺,曲线圆滑美观;槽底基础和后背填料必须夯打密实;无杂物污染,排水口整齐、通畅、无阻水现象。

人行道施工要求铺砌稳固,表面平整,缝线直顺,灌浆饱满,无翘动、翘角、反坡、积水、空鼓等现象。盲道铺砌中砂浆应饱满,且表面平整、稳定、缝隙均匀。与检查井等构筑物相接时,应平整、美观,不得反坡。不得用在料石下填塞砂浆或支垫方法找平。在铺装完成并检查合格后,应及时灌缝。铺砌完成后,必须封闭交通,并应湿润养护,当水泥砂浆达到设计强度后,方可开放交通。行进盲道砌块与提示盲道砌块不得混用。盲道必须避开树池、检查井、杆线等障碍物。路口处盲道应铺设为无障碍形式。

# 第二节　城市道路施工开工准备

### 一、建设单位为施工所做的准备工作

城市道路施工由于涉及多种管线的施工以及诸多配套工程需要实施,城市道路项目的复杂性和综合性是毋庸质疑的。很多问题单凭道路施工单位出面协调就会显得力不从心,也有勉为其难之嫌,而城市道路的建设单位(包括市、区级的建设项目)往往是政府的职能部门,其组织、协调的地位和作用是不可替代的。建设单位除完成项目的立项审批、设计施工招标、前期的征地拆迁工作外,在项目开工前还应做好以下几项工作。

**(一)在完成道路项目的初步设计后,应及时委托规划部门实施管线的综合规划和设计**

(1)根据城市建设的总体规划确定需要预埋的管线。

(2)与各管线单位沟通,结合工程所在区域的现状确定与道路匹配的管线走向。

(3)结合施工图设计的要求明确与道路性质相符的管线位置及标高等。

**(二)组织召开各管线单位参加的专题协调会**

在管线综合规划完成后,建设单位的工程负责部门要做细致的准备工作,并及时组织召开有各管线单位分管负责人及相关人员、管线设计代表参加的专题协调会,其目的是通

报项目情况、提供相关资料、明确任务。

(1)介绍项目规划、投资、设计、征拆情况,重点介绍项目计划开工时间、工程施工计划、竣工通车时间。

(2)提供立项的纸质文件、管线综合设计的电子版给各管线单位。

(3)对于已实施管廊同沟同井的单位,会议应确定牵头单位,以便统一、高效管理。

(4)根据道路施工的开工、竣工时间及项目施工总体计划,确定各管线单位完成管线设计、施工招标投标,以及施工单位初步的进场时间。

(5)明确沟通机制,及时汇总参会人员的通信方式并及时分发。

(6)会后应尽快形成会议纪要,并将会议纪要及时传发各参会单位,同时报送各管线单位主管部门,寻求各主管部门的大力支持。

**(三)根据施工单位的申报及时组织交通组织方案的审查**

凡是涉及影响既有道路通车的施工,必须编制交通组织方案并经公安交通主管部门审查通过,方可根据交通组织方案实施封闭、分流、限流的措施。

(1)帮助施工单位完成交通组织方案的编制,并进行初步审查。

(2)敦促施工单位及时将交通组织方案上报公安交通主管部门。

(3)组织由公安交通主管部门、设计单位、监理单位、施工单位参加的方案审查会。

(4)根据会议要求,施工单位修改完善方案并根据方案要求及时完成指路标志、标式等的施工。

(5)组织公安交通主管部门根据方案要求对各项交通组织设施进行验收,通过后办理相关手续(登报通告等),正式开工。

(6)提醒施工单位,将通告的组织方案归档。

**(四)适时召开交警、照明、公交部门的专题协调会,协调好城市道路配套设施的管线预埋**

考虑到节省政府投资以及公交站台的亮化和信号指挥系统的同步实施,使得它们的通信管及供电管实现同步,召开这样的协调会是必要的。会议将根据交警、公交部门各自的要求和规范,将预埋管的数量、种类和线路走向等放进照明系统的设计中,并由负责照明的施工单位统一负责预埋。

**(五)其他工作内容**

(1)定期组织有各管线产权单位及其施工单位、道路设计单位、道路监理单位、道路施工单位参加的管线施工协调会。各参建单位应在道路施工单位的统一组织安排下按序展开施工,但建设单位不能因此而不参与协调。事实上,在施工过程中还是会有许多矛盾,有些问题必须有建设方参与才能解决❶。

(2)加强与道桥施工项目经理的沟通。一个合格的参与城市道路建设的项目经理必须有更强的大局意识,更加细致、踏实的工作作风和顽强的意志品质。一条城市道路能保质保量、完美地按时通车将意味着工完料清,没有返工现象发生。而要达到这个境界,建设方需做的工作将贯穿工程的全过程。

---

❶ 郭启臣.市政工程制图与识图[M].北京:电子工业出版社,2018.

## 二、施工单位为施工所做的准备工作

### (一)道路沿线障碍物排查

施工单位进场以后首先要组织人员对照施工图纸,对施工区内的地下管线、地上杆线和影响施工的未拆迁建筑物进行排查。地下既有管线包括雨水管、污水管、自来水管、燃气管、热力管、光缆、地埋电缆等。施工单位要及时和管线所属产权单位沟通,咨询管线有关单位,查看原有管线竣工图纸。由于竣工图纸与现场实际埋设的管线位置会有较大出入,所以应结合原有图纸和露出地面管井位置,在现场根据实际情况进一步垂直线路方向挖探测坑,沿线路方向沿挖探测沟。

地上杆线包括电力、通信等,施工单位应查明线路的性质,如电力线的电压等级及杆路编号、通信线的光缆芯数等,并在图上标注清楚,通知相关单位开协调会,确定迁移废除方案。随着城市道路建设标准的不断提高,为使建成道路景观协调、美观,现在一般都会要求电力、通信杆线由架空改为地埋,对于在施工期间要保持运营的电力、通信线路改地埋,要通过杆线的二次迁移(先完成一次外迁,待电力管、通信管做通后再二次回迁)或调整施工顺序的方法来解决。

### (二)障碍物清理处理措施

所有障碍物调查清楚后在业主的统一安排下及时和产权单位沟通,分成两类:一类为废弃迁建、重建的;另一类为不废弃照常使用的。对于废弃迁建的障碍物应通知产权单位按照施工工期的要求排定停用计划。对不废弃的管线应在每次开挖前组织施工人员进行施工交底,明确管位及开挖注意事项,开挖时应通知管线所属单位进行监护,防止误挖。对于燃气、热力、自来水等有安全风险的管线开挖,应编制抢修应急预案,制定安全应急预案。对管线薄弱位置或开挖比较频繁的部位要根据现场情况对原有管线进行防护、加固。在项目部应设置值班抢修电话,明确联系人,方便在发生管线损坏时及时抢修。

### (三)交通组织方案编制

城市道路施工都会对原有车辆及行人的出行产生影响,新建道路仅在与原有道路的交叉口产生影响,改建道路因为施工类型的不同产生的影响程度有大有小,但科学合理的交通组织方案可减少施工对车辆、行人出行的影响,保障施工车辆的出入安全尤为重要,施工单位应根据现场道路施工情况及通行道路交叉情况编制临时交通组织方案,报交警部门审批。编制原则:①社会车辆通行。尽量安排绕行,提前1个月在市政主要媒体发公告告知市民,在主要路口提前设置绕行告示,设置绕行标志。②公交线路。尽量调整公交线路和站点设置,确实无法避让的要在施工现场设置临时社会便道,或安排半幅通车半幅施工。③沿线居民聚集区(居民小区)。提前通告,并在小区附近设置施工告示牌,设置必要通道(人车混行)沟通小区与主要道路,并在沿线设置减速标志。④沿线厂矿企业。因出入货车或超长车辆多,根据具体需要设置社会便道,应考虑车辆转弯、超限需要。

### (四)施工围挡及防护设施

施工区及道路交叉口应设置施工围挡,隔断施工区和人车联系,保障行人和社会车辆安全。临近人车通行道路的基坑开挖应设置防护围挡,深基坑要采取牢固的基坑防护措施,防止可能的基坑塌陷影响人车安全。

### (五)防止环境污染的措施

除建立环境保护管理制度及考评制度外,还应在施工车辆的出入口设置临时洗车点防止车胎带泥污染路面,运土车辆不应装载太满或加装围挡板防止抛洒滴漏,施工便道、施工现场每天安排不定期的洒水尽量减少扬尘,高噪声的工作避免安排在夜间施工,施工产生的建筑垃圾应运到政府指定的弃土场,严禁乱堆、乱倒,废水及生活污水应引流到污水管道。

### (六)项目部建设

#### 1.新建项目的设置原则

新建道路施工组织及施工管理相对简单,可以按照文明施工的要求临时征地搭建项目部。为方便管理,一般选择将项目部设置在标段中点,最好是临近既有道路以方便出行。沿道路两侧红线外临时征地搭设施工队临时营地,用于现场施工工人生活及施工机械停放,一般来说临近水源地或既有道路设置属于较理想的设置。

#### 2.改建项目的设置原则

旧城区的规划道路及老路改造项目,施工组织和施工管理相对复杂,在老城区一般很难找到现成的空地用于搭建项目部,一般在道路沿线寻找租用废弃的村镇办公地、工厂办公区、停业的小酒店、空置门面房等,但不到万不得已尽量不在居民聚集区内设置项目办公区,减少对居民生活的干扰。现场施工工人生活及施工机械停放,可因地制宜采用租用民房在征地红线内绿化带位置搭建或设置。

### (七)项目临建设置

城市道路工程的临时设施建设大部分都不需要设置在现场,混凝土可以采用商品混凝土,水泥稳定碎石、二灰碎石、沥青料均应采取厂拌方式运抵现场施工。旧城区的规划道路及老路改造项目的石灰消解场建议不放在现场,避免对城市环境造成危害。建议采取将石灰消解场设置在取土场附近,消解好的石灰按照掺灰量的 70%~80% 先行掺好,运抵现场后翻拌时补掺到设计用量,以加快施工进度减小对城市环境的影响。

# 第三节　城市道路管线施工

## 一、城市道路管线施工内容

城市道路管线施工包括雨污水管施工、电力管施工、给水管施工、燃(煤)气管施工、热力管施工、通信管施工、综合管廊施工。

## 二、城市道路管线分类

根据各个地区特点或习惯分成以下三类:

(1)常规管线施工。雨污水管、电力管廊的施工属于常规管线施工,对施工队伍的资质没有特殊要求,一般由路基施工单位负责实施。

(2)非常规管线施工。给水管施工、燃(煤)气管施工、热力管施工、通信管施工属于有特殊要求的管线施工,一般各产权单位会安排专业的施工队伍组织施工,路基施工单位仅需要做好配合工作。

（3）综合管廊施工。近年来,在国内新建城市道路施工中,有部分城市尝试采用综合管廊将所有管线同时放在一条管廊内,方便通车运营后管线的增加、维修、更换❶。

### 三、管线施工控制要点与施工顺序

管线埋置于城市道路地下,管线的施工质量直接影响到道路的使用寿命,必须引起高度重视。

**（一）管线施工控制要点**

（1）做好规划设计工作。管线施工应做好前期规划,预留好接口井,避免道路施工完成后的重复开挖。

（2）把好管材进场关。管线施工使用的管材必须是经检验合格的材料,并按照相关规范要求做防腐、防漏处理。

（3）保证管线基础稳固。要确保管线在运营阶段不出现下沉,或因地基不均匀沉降导致接头破裂,必须做好管线基础的施工质量控制,当管线通过地基承载力较低的软土地段时,应按照设计要求做好地基的加固。

（4）做好管线接头施工的质量控制。管线的各类接头必须按照有关规范的要求认真施工,并做好相应的检查、检验、探伤,保证接头质量。

（5）做好管井的施工控制。管井的井口露出地面,管线设计时应尽量避免管井设置在机动车道、非机动车道上,但设置于机动车道、非机动车道上的管井,其地基必须满足承载力要求,管井的砌筑质量应严格控制,在井口部位还应设置卸荷板,防止车辆集中荷载导致管井下沉,影响行车。

（6）做好管线回填。管线的回填应对称填筑,并达到规范要求的压实度,防止因回填土沉降导致路面破坏。

**（二）管线施工顺序**

管线施工应按照以下原则:

（1）先深后浅,先主管后支管,自下而上依次施工。

（2）先建后拆,不间断使用。

（3）采取有利措施,保护既有的管线,做好新旧管线衔接工作。

# 第四节　城市道路路基施工

随着我国经济建设的飞速发展,交通量的增加,相应的道路等级也在不断地提高,这就对道路的工程质量提出了更高的要求。路基作为道路的重要组成部分,它既是路线的主体,又是路面的基础。路基质量的好坏,关系到整个道路的质量及汽车的正常行驶,因此要高度重视路基的施工工作。

---

❶ 吴秋芳.简明市政公用工程施工手册[M].北京:中国电力出版社,2018.

## 一、施工前的准备

### (一)进行调查研究

路基开工前,施工单位应在全面熟悉设计文件和设计交底的基础上,到现场进行核对和施工调查,查找问题,发现问题,分析问题,及时根据有关程序提出修改意见报请变更设计。

### (二)收集与整理资料

根据到现场收集的情况、核实的工程数量,按照工期要求、施工难易程度和人员、设备、材料准备等情况,编制施工组织设计,报现场监理工程师或业主批准并及时提出开工报告。对于重要项目,应编路基施工网络计划。

### (三)做好后续准备工作

要做好修建生活和工程用房,解决好通信、电力和水的供应,修建供工程使用的临时便道、便桥,确保施工设备、材料、生活用品供应等准备工作,同时,必须设立必要的安全标志,确保全程安全施工。

## 二、施工工艺

### (一)路基施工工艺

#### 1.原地表及坡面基地处理

路基施工质量既是整个路线工程的关键也是路基路面工程能否经受住时间、车辆行驶荷载、雨季冬季的考验。要做好路基工程,必须扎扎实实进行路基的填筑,尤其是做好对原地面的处理和坡面基地的处理。

#### 2.路基压实度控制工艺

路基的强度和稳定性很大程度取决于路基填料的性质及其压实的程度。从现有条件出发,改进填土要求和压实条件是保证路基的稳定性和使用品质最有效、经济的方法。

(1)路基填土的选择。为保证路堤的强度和稳定性,需尽可能选择当地稳定性好并具有一定强度的土石作为路基填料。不得使用淤泥、沼泽土、冻土、有机土、含草皮土、生活垃圾、树根和含有腐殖质的影响路基强度的土。如果取好土确有困难,必须采用劣质土,则可掺外加剂,进行土质改良,如掺石灰等,称作高液限高塑限黏土的"砂化"。对于液限大于50、塑性指数大于26的土,一般不宜作为路基填土。对路基填料的最小强度和最大粒径都有具体的量化的标准,采用 CBR 值表征路基土的强度,对其上路床的填料提出了限制的条件,高速公路和一级公路路面底以下 0~30 cm 的路床填料 CBR 值应大于8。对下路床及其下面的填土,也都给出相应的规定值。当路基填料达不到规定的最小强度时,应采取掺和粗粒料或换填或用石灰等稳定材料处理。

(2)土质最大干密度的确定。压实度是路基工程的最重要质量指标之一,因为只有保证路基具有足够的稳定性和耐久性,它才能承受行车的反复荷载作用和抵御各种自然因素的影响。而土质最大干密度直接影响压实度大小,对同一土质来说其数值大小直接影响工程质量的高低,但由于道路工程沿线各类土质分布情况较为复杂,在作业范围内各类土质分层状况及厚度也不完全一致,各类土质的最大干密度差别也较大,再加上施工作业的千变万化，使土质变得混杂，最大干密度的确定难度较大，这就需要不仅根据土质分布路段及土质类别进行确定，更需要根据每一回填层的具体情况进行确定，当然土质变化不大、最大干密度变化就小，对工程质量影响就小，最大干密度就容易确定❶。因此，最大干密度确定既不要盲目套用高标准，使得施工难以进行，造成浪费；也不要降低标准，使得工程质量低下，要根据施工现场土质情况进行确定。

（3）土的含水量控制。土在最佳含水量时进行压实才能达到最大密实度，因此在路基填土压实过程中，必须随时控制土的含水量，当含水量过大时，应晾晒风干至最佳含水量再碾压。施工过程应连续作业，减少雨淋、暴晒，防止土壤中的含水量发生大的变化。

（4）合理选用压实机具。土层填土厚度以不超过 25 cm 为宜，分层铺筑压实。施工中尽可能采用重型压实机具进行施工，对于同一类土来说，采用轻型压实所得出的最大干密度较采用重型压实得到的最大干密度小，而最佳含水量又较采用重型压实的大，现行普遍采用的重型压实相匹配的压实机械如 50 t 振动压路机，每层压实厚度不超过 25 cm，而采用吨位更大的压实机械时，它的压实力可以增加，而其所能达到的压实度可以进一步提高，同时由于压实力的增加，施工时土的含水量又可以降低。由于土基密实度的提高、含水量降低从而可以提高路基的回弹模量。

（5）碾压过程的控制。高等级道路路基压实度高于一般道路，所以对碾压过程的控制就更加严格。一般在碾压过程中采用先轻后重、先静后动、先外侧后中间的碾压方法。碾压速度控制在 1.5~2.5 km/h，碾压遍数控制在 4~6 遍。

## 三、路基层常用施工工艺

### （一）石灰稳定土基层的施工技术

#### 1.施工准备

（1）关于原材料，土、灰等施工中的控制点：①石灰应符合Ⅲ级以上标准，石灰在使用前 10 d 充分消解，并过筛（10 mm 筛孔）。②消石灰存放时间宜控制在 2 个月以内。③一个作业段内采用土质相同的土（击实标准和灰剂量相同），以便对压实度进行准确控制。

（2）做试验段，确定施工参数。施工前首先要做 200~300 m 的试验段，通过试验段施工确定以下几项内容：①确定土的松铺厚度，一般如用推土机平土，排压一遍后，土的松铺厚度取本层结构设计厚度即可。②根据计算得出的单位平方米用灰量，结合路辐宽度和运输车辆的大小，合理划分布灰单元格大小。③确定合理的作业段长度，确定施工机械的配套情况，确定压实遍数。

#### 2.施工流程

石灰稳定土基层的施工步骤分为：准备下承层→备土、铺土→备灰、铺灰→拌和及洒水→整平→碾压→检验→接头处理→养护。

（1）准备下承层。①石灰土施工前，应对路槽进行严格验收，验收内容除包括压实度、弯沉、宽度、标高、横坡度、平整度等项目外，还必须进行碾压检验，即在各项指标都合格的路槽上，用压路机连续碾压 2 遍，碾压过程中，若发现土过干、表层松散，应适当洒水

---

❶ 王云江.市政工程概论[M].北京:中国建筑工业出版社,2007.

继续碾压；如土过湿，发生翻浆、软弹现象，应采取挖开晾晒、换土、加外掺剂等措施处理。路基必须达到表面平整、坚实，没有松散和软弱点，边沿顺直，路肩平整、整齐。②按要求设置路面施工控制桩。

（2）备土、铺土。做灰土所用土质，应优先选用砂性土，其次考虑砂土、亚黏土。土质含水量力求均匀，不要有湿有干。备土时要严格控制土的松铺厚度。粗控制：用带刻度的钢钎插验；细控制：在铺完一段土后，用水准仪通过埋砖测点，平地机按砖点刮土整平进行收土。

（3）备灰、铺灰。备灰时，现场设专人指挥车辆把白灰分几次均匀地卸在单元格里，人工用铁锹"扣锹"把灰均匀填满单元格，把灰石捡干净。布灰时，力求均匀，切忌薄厚不均。

（4）拌和及洒水。拌和时用灰土拌和机先干拌一遍，手抓土法看含水量情况：①土能攥成团，离地 1 m 土团落地能散，说明含水量略小，应适当洒水再拌。②土团一小部分分散，多半成块儿状，说明含水量合适可紧接拌两遍，拌前用推土机排压一遍。③土团不散说明含水量偏大，须晾晒至最佳含水量时再拌。

在拌和过程中，要派专人跟随拌和机进行拌和深度检查，应略破坏下承层 2 cm 左右，有利于上下层结合，严禁拌和层底部残留素土夹层及接头处漏拌。拌和时应随时检查土的含水量情况，土干时要适当洒水。洒水时，洒水车起洒处和调头处应超出拌和段 5 m 以上，防止局部水量过大。

（5）整平。用平地机，结合少量人工整平。①灰土拌和符合要求后，用平地机粗平一遍，消除拌和产生的土坎、波浪、沟槽等，使表面大致平整。②用振动压路机或轮胎压路机稳压 1～2 遍。③利用控制桩用水平仪或挂线放样，石灰粉做出标记，样点分布密度视平地机司机水平确定。④平地机由外侧起向内侧进行刮平。⑤重复③～④步骤直至标高和平整度满足要求。灰土接头、边沿等平地机无法正常作业的地方，应由人工完成清理、平整工作。⑥整平时多余的灰土不准废弃于边坡上。

（6）碾压。碾压采用振动式压路机和三轮静态压路机联合完成。①整平完成后，首先用振动压路机由路边沿起向路中心碾压（超高段自内侧向外层碾压），有超高段落由内侧起向外侧碾压，碾压采用大摆轴法，即全轮错位，搭接 15～20 cm，用此法振压 6～8 遍，下层压实度满足要求后，改用三轮压路机低速 1/2 错轮碾压 2～3 遍，消除轨迹，达到表面平整、光洁，边沿顺直。路肩要同路面一起碾压。②碾压过程中应行走顺直，低速行驶。

（7）检验。①试验员应盯在施工现场，完成碾压遍数后，立即取样检验压实度（要及时拿出试验结果），压实不足要立即补压，直到满足压实要求。②成型后的 2 d 内完成平整度、标高、横坡度、宽度、厚度检验，检验不合格的要采取措施加以处理。

（8）接头处理。碾压完毕的石灰土的端头应立即将拌和不均，或标高误差大，或平整度不好的部分挂线垂直切除，保持接头处顺直、整齐。下一作业段与之衔接处，铺土及拌和应空出 2 m，待整平时再按松铺厚度整平。

（9）养护。不能及时覆盖上层结构层的灰土，养护期不少于 7 d，采用洒水养护法，养护期间要保持灰土表面经常湿润。养护期内应封闭交通，除洒水车外禁止一切车辆通行。有条件的，对 7 d 强度确有把握的，灰土完成后经验收合格，即可进行下一道工序施工，可缩短养护期;但一旦发现灰土强度不合格,则需返工处理。总之,市政道路的施工一定要始终坚持技术标准,注意加强施工管理,强化质量意识。

3.注意事项

(1)整平的控制要点:①最后一遍整平前,宜用洒水车喷洒一遍水,以补充表层水分,有利于表层碾压成型。②最后一遍整平时平地机应"带土"作业。③切忌薄层找补。④备土、备灰要适当考虑富余量,整平时宁刮勿补。

(2)碾压的控制要点:①碾压必须连续完成,中途不得停顿。②压路机应足量,以减少碾压成型时间。合理的配备为振动压路机1~2台、三轮压路机2~3台。

(3)检验的控制要点:①翻浆、轮迹明显、表面松散、起皮严重、土块超标等有外观缺陷的不准验收,应彻底处理。②标高不合适的,高出部分用平地机刮除,低下部分不准贴补,标高合格率不低于85%,实行左、中、右三条线控制标高。③压实度、强度必须全部满足要求,否则应返工处理。

**(二)水泥稳定粒料基层的施工技术**

1.准备下承层

当水泥稳定粒料用作基层时,把原路面的坑槽用水混稳定粒料压实整平。下承层表面应平整、坚实,具有规定的路拱和宽度,没有任何松散的材料和软弱地点。

2.试验确定配合比

此项工作应提前进行。在料场取样,把所备的粒料、拟采用的水泥送到试验室,进行材料检验与确定水稳混合料配合比,配合比为集料∶水泥∶水。水泥剂量不宜超过6%。

3.备料

(1)集料。级配碎石、未筛分碎石、砂砾、碎石土、煤矸石和各种粒状矿渣均适宜水泥稳定,采集时应注意其组成要符合级配要求,粒料的采集不能有树木、草皮、杂物混入,粒料的压碎值应不大于35%,粒料的最大直径不应超过37.5 mm。

(2)水泥。普通硅酸盐水泥、矿渣硅酸盐水泥和火山灰质硅酸盐水泥都可用于稳定粒料,一般采用强度等级32.5级水泥,水泥初凝时间宜在3 h以上,终凝时间宜在6 h以上。不应使用快硬水泥、早强水泥以及已受潮湿变质的水泥。

(3)水。凡是饮用水(含牲畜饮用水)均可用于水泥稳定粒料的施工。

4.水泥稳定粒料的施工

(1)机械设备宜采用强制性拌和机或其他拌和机械,设备性能应与摊铺和碾压匹配。

(2)在拌和中,严格控制水泥稳定粒料的含水量和水泥用量,每盘的质量配比都要有详细的记录,出现偏差时,立即对电子磅进行校准,以达到配比的准确。

(3)施工是夏季时,应考虑气候条件、运输距离、摊铺碾压时间等因素造成的水分蒸发,在拌和时适当增加用水量;为保证水泥稳定粒料的摊铺,用10台自卸汽车转运到现场,保证水泥稳定粒料在摊铺碾压时的含水量达到最佳含水量规定的要求。

5.水泥稳定粒料的摊铺

(1)水泥稳定粒料采用摊铺机进行摊铺。

(2)应根据铺筑层的设计和要求达到的干密度,通过试压确定压实系数和松铺厚度,松铺系数为1.35。

（3）对老路面改造工程，宜采取先行将下承层用水泥稳定粒料将低洼处找平碾压后再正式施工水泥稳定层（可分段找补），以便掌握和控制水泥稳定层设计高程和平整度。

（4）摊铺时应注意防止水泥稳定粒料离析而造成粗集料集中进而形成"窝"或"带"，当出现"窝"或"带"时应及时铲除，并用新拌均匀的水泥稳定粒料填补，在机械摊铺作业面不够时，采用人工挂线摊铺。

6.水泥稳定粒料的整形

（1）人工摊铺时的整形，摊铺时应边铺边整，用路拱板或拉线进行初步整形。

（2）机械摊铺时，应用平地机进行整形。

（3）摊铺后应立即在初平的路段上快速碾压1遍，以暴露潜在的不平整。局部低洼处应用齿耙将表面5 cm以上深度耙松，并用新拌的混合料进行找补平整，再检查是否有粗集料"窝""带"，并按上述方法进行铲除、填补。

7.碾压成型

整形后立即进行碾压，用振动压路机和胶轮压路机在路基全宽内进行碾压，按由边到中由低到高、重叠1/2轮宽的原则进行碾压，在规定的时间内碾压至要求的压实度，并且无明显轮迹。一般需碾压6~8遍，碾压速度先慢后快，头两遍1.5~1.7 km/h，后几遍2.0~2.5 km/h。每个作业面必须保证1台胶轮压路机进行终压，以便解决水泥稳定粒料压实后表面出现的细小裂纹。碾压过程中，基层的表面始终保持潮湿，如表面水分蒸发得快，及时补洒少量水。振动压路机碾压完成后采用胶轮压路机进行终压。严禁压路机在已完成或正在碾压的路段上"调头"或急刹车，以保证基层表面不受破坏。任何未压实或部分压实的混合料未扰动地放置3 h以上或被水淋湿的部分均应清除并更换。清除的混合料废弃。

8.水泥稳定粒料横向接缝处理和纵缝的处理

（1）摊铺水泥稳定粒料时不宜中断，如因故中断时间超过2 h，应设置横向接缝。

（2）人工将末端含水量合适的水泥稳定粒料弄整齐，紧靠水泥稳定粒料放2根高度应与水泥稳定粒料的压实厚度相同的方木，整平紧靠方木的水泥稳定粒料（也可以用钢模代替方木）。

（3）方木（或钢模）的另一侧用砂或碎石回填，回填3 m长，其高度应高出方木（钢模）几厘米。

（4）将水泥稳定粒料碾压密实。

（5）在重新开始摊铺水泥稳定粒料之前，将砂或碎石和方木（钢模）除去，并将下层顶面清扫干净，然后重新开始摊铺碾压。

（6）如果摊铺中断后，未按上述方法处理横向接缝，而中断时间超过2 h，则应将已压实且高程符合要求的末端挖成与路中心线垂直的并向下垂直的断面，然后铺摊新的水泥稳定粒料。

（7）纵缝的处理，在靠中央的一侧用方木或钢模板做支撑，方木或钢模板的高度与水稳层的压实厚度相同。

（8）养护结束后，在铺筑另一幅之前，拆除支撑木（或板）。

9.养护

（1）碾压完成后及时进行养护。

（2）养护方法采用覆盖土工布洒水方法。

（3）基层的养护期不少于7 d，在养护期间始终保持表面处于湿润状态。

（4）养护期间实施交通管制，在碾压完成后6 h内，洒水车应从侧面洒水，不能在上面行驶。养护期间除洒水车外应严格封闭交通。不能封闭时，必须经监理工程师批准，并将车速限制在30 km/h以下，但应禁止重型车辆通行。

（5）养护期内如出现病害及时挖补，修整到标准要求，挖补压实厚度不小于8 cm，严禁采用薄层"贴补"的方法处理。

（6）养护期结束，按技术要求或监理工程师指定的要求，及时浇洒透层沥青，避免干缩裂缝的出现。

10.注意事项

（1）施工期间的最低温度应在5 ℃以上，有冰冻的地区应在第1次冰冻到来之前1个月内完成。

（2）在雨季施工时，勿使水泥和混合料遭雨，降雨时应停止施工，但已经摊铺的水泥混合料应尽快碾压密实。必须严密组织采用流水作业法施工，尽可能缩短拌和到碾压终止的时间，应在水泥的初凝时间内完成。

**（三）二灰结石基层的施工技术**

1.准备下承层

用于铺筑二灰碎石基层下承层表面平整、坚实、具有规定的横坡，其质量要满足规范要求。于铺筑前稍洒水润湿，以便增强上下层的结合。

2.施工放样

放出基层两边，将两边土埂适当夯实，设置撑杆（每10 m一道），敷设基准钢丝绳，使其张力满足要求（大于100 kN），钢丝挠度不超过规定。

3.二灰碎石混合料的准备和拌和

在准备材料时，应对材料进行质量检查。特别是石灰和碎石，石灰应按标准进行抽样试验，必须达到Ⅲ级灰以上标准，方可采用；石料应保证级配合理、干净，如有泥沙，应进行冲洗。按拌和方式的不同，分为路拌法和集中拌和法两种。

（1）路拌法。目前也存在两种拌和方式：一种是人工配合平地机拌和；另一种是只用平地机拌和。在人工配合平地机拌和这种方式中，二灰碎石基层中三种材料的比例问题，一直是大家比较关注的。各地采用的比例不尽相同，可以参照规范，结合实际制定。也可在大面积铺装前，做一段试验路，确定最佳比例和松铺系数。根据经验，采用以下比例较为合适，即石灰∶粉煤灰∶碎石=6∶12∶82（质量比）；人工摊铺时松铺系数约为1.5，平地机翻拌摊铺时松铺系数约为1.2。在材料堆放时，将碎石沿路基堆放，石灰、粉煤灰堆放在路肩上，根据铺装基层的厚度和配合比计算出每种材料每车料的堆放距离，避免出现材料过多或不够的现象。石灰应在铺装前几天消解，保证消解充分。根据经验，消解一般需7~10 d。粉煤灰和消解后的石灰均应保持一定的水分，以确保拌和质量。拌和时，先量算堆放的粉煤灰的体积，然后按照比例计算需要的石灰量，再用计量过体积的小四轮拖拉机或手推车将石灰拉到粉煤灰堆旁进行拌和,最少要拌两遍,拌和应彻底,以保证充分混合。最后,用平地机将碎石堆摊平,注意两边应各留 20 cm 左右,以便平地机翻拌时不致将石子翻到路肩上。若碎石较干,可洒一些水,特别是在夏天,更应如此,以使二灰与碎石间产生黏附作用,不致使二灰全部漏到底下。

(2)集中拌和法。是将材料运到拌和场用拌和楼进行集中拌和。拌和楼一般有五个料斗,分别盛放粉煤灰、石灰、石子、瓜子片、米砂。拌和原理主要是通过控制各个料斗的转速来控制材料用量。在二灰碎石正式生产之前,先做好级配试验,级配经试验调整好后,通过转速控制出料量。这里的关键在于材料的含水量。特别是石灰,如果含水量高于试验的,虽然转速达到试验时的转速,但由于含水量高,材料成团,不容易从出料口下来,所以理论上灰计量能满足要求,但实际上不够,拌好的材料立即进行滴定试验和筛分试验。如果不满足设计要求,立即进行整改,及时调整转速,循环上述过程,直到配比满足要求,以保证工程质量。然后将拌和好的混合料运到路基上直接进行铺装。

4.二灰碎石混合料的运输

混合料出口不宜超过自卸汽车太高,以免混合料下落时离析。要做好覆盖工作,以免水分蒸发,卸料时,尽量避免汽车与摊铺机碰撞。

5.二灰碎石混合料的摊铺

(1)开铺前先将接头处已成型的二灰碎石基层切成垂直面,严禁出现斜接缝。

(2)摊铺机就位后,熨平板按虚铺厚度调整后,下支撑方木调整好自动平整系统,设置好横坡。

(3)开始摊铺时,摊铺速度宜为 2~3 m/min,正常应为 3~5 m/min,应注意混合料调试在螺旋布料器中轴以上,严禁出现两边缺料现象,这样铺出的平整度较好。

6.接缝施工

再生施工时应考虑两种接缝:与道路中心线平行的纵向接缝和与道路中心线成适当角度的横向接缝。

(1)纵向接缝。再生机的工作宽度一般小于道路或行车道的宽度,全幅路的再生需多次作业,需要沿整条纵缝有一定的重叠量以保证相邻作业面间纵缝的连续性。良好的重叠接缝对再生层的最终性能有重要影响。施工时应通过在现有路面上喷涂醒目标志或架设基准线的方法建立导向提示,帮助驾驶员正确操纵再生机,避免相邻作业面间存在未再生的夹带。

(2)横向接缝。因每次施工开始或终止而形成的横穿作业面的横向接缝是不连续的。每次停机,即使是仅需几分钟用于更换罐车,也将形成一个严重影响再生材料均匀性的横缝。因此,施工中尽量减少停机现象,在不可避免的情况下,应对所形成的横缝进行认真处理。横缝问题只有当施工停止时才会出现。因此,再生机组只能在罐车用空后或类似情况下才能停机。

7.二灰碎石混合料碾压

翻拌结束,用平地机刮平,接着测量放样,控制高程,桩距 10 m 较好,过长则线中间下垂,影响平整度。横坡也用桩线控制,然后人工细整,整完后用压路机碾压。先轻后重,先慢后快,如有振动压路机,则先用振动压路机碾压,对保证平整度、稳定面层效果会更好。

同时,边碾压边人工修整,对露出石子的地方撒二灰,直到二灰刚刚覆盖住碎石。二灰不可撒得过多,若过多,压路机碾压后,当时平面虽平整,但遇雨水或洒水车洒水后二灰容易被冲去,二灰多处就留下一个个凹坑。在养护期间,应每天洒水养护、碾压,露出碎石的地方应立即撒二灰,防止飞石。发现弹软现象应立即挖开,采用换材料方法处理。若处理过迟,弹软周围二灰碎石已经成型,则补过的弹软处不能与周围二灰碎石形成一个整体,从而影响到沥青面层的稳定。在铺装后 2~3 d 内应封闭交通,以免影响平整度。注意洒水要及时,特别在交通开放后,若没有足够水分保证,极易被车轮碾压松散,夏天更应保证水分,否则二灰碎石基层难以成型。

# 第五节　城市道路路面施工

由于沥青路面具有表面平整、无接缝、振动小、噪声低、行车平稳舒适、养护维修简便等优点,我国近年来建设的城市道路大多采用半刚性基层沥青路面。以下介绍了两种面层施工技术。

## 一、市政道路沥青面层的施工

### (一)施工前准备工作

施工前准备工作主要是指确定料源及进场材料的质量检验,机械选型与配套,拌和厂的选址,修筑试验路段等。对于施工的原材料:沥青、石料、砂通过多方比较和试验选定。根据工程量、工期和设备的生产能力及移动方式选用与摊铺机能力相匹配的拌和设备,并检查洒油车、矿料撒铺车、摊铺机、压路机、运输车辆的机械使用性能,进行保养和维修。在沥青路面主体工程开始前至少两周用监理工程师批准的混合料配合比铺筑不少于 400 m² 的试验路面,主要研究拌和的时间和温度,摊铺温度与速度,压实机械的合理组合,压实度及压实方法,松铺系数,合适的作业段长度。优化拌和、运输、摊铺、碾压等施工及机械设备的组合和工序衔接,提出混合料生产配合比,明确人员的岗位职责。最后提出标准施工法。

### (二)混合料的拌和

(1)粗、细集料应分类堆放和供料,取自不同料源的集料应分开堆放,应对每个料源的材料进行抽样试验,并应经工程师批准。

(2)按目标配合比设计、生产配合比设计、生产配合验证三个阶段进行试拌、试铺后,进行大批生产。

(3)每种规格的集料、矿料和沥青都必须分别按要求的比例进行配料。

(4)热料筛分用最大筛孔应合适选定,避免产生超尺寸颗粒。

(5)沥青混合料的拌和时间应以混合料拌和均匀、所有矿料颗料全部裹覆沥青结合料为度,并经试拌确定。间歇式拌和机每锅拌和时间宜为 30~50 s(其中干拌时间不得小于 5 s)。

(6)拌好的沥青混合料应均匀一致,无花白料,无结团成块或严重的粗料分离现象,不符合要求的不得使用,并应及时调整。

(7)出厂沥青混合料应按现行试验方法测量运料车中混合料的温度。

(8)拌和沥青混合料不立即铺筑时,可放成品储料仓储存,储料仓无保温设备时,允许的储存时间应以摊铺温度要求为准,有保温设备的储料仓储料时间不宜超过6 h。

**(三)混合料的运输**

(1)采用数字显示插入式热电偶温度计检测沥青混合料的出厂温度和运到现场温度,插入深度要大于150 mm。在运料汽车侧面中部设专用检测孔,孔口距车箱底面约300 mm。

(2)拌和机向运料车放料时,汽车应前后移动,分几堆装料,以减少粗集料的分离现象。

(3)沥青混合料运输车的运量应较拌和能力和摊铺速度有所富余,摊铺机前方应有5辆运料汽车等候卸料。

(4)运料汽车应有篷布覆盖设施,以便保温、防雨或避免污染环境。

(5)连续摊铺过程中,运料汽车在摊铺机前10~30 cm处停住,不得撞击摊铺机。卸料过程中运料汽车应挂空挡,靠摊铺机推动前进。

**(四)混合料的摊铺**

由于沥青混合料黏度高,摊铺温度较高,摊铺阻力比较大,应采用履带式摊铺机,相邻两幅的宽度应重叠50~100 mm,两机相距5~15 m。沥青混合料摊铺温度不应低于160 ℃,为保证平整度,摊铺时要均匀、连续不间断,摊铺速度一致❶。要求摊铺机前至少要有3台以上的运料车等候。摊铺过程中,摊铺机两侧螺旋送料器应不停匀速地旋转,使两侧混合料高度始终保持在熨平板的2/3高度,以减少离析现象。所有路段均应采用摊铺机摊铺,对个别加宽、边角等机械无法摊铺到的部位,配备充足的熟练工人进行人工摊铺。摊铺时必须扣锹布料,并用耙子找平2~3次。施工过程中,应对铁锹、耙子等工具进行加热、涂抹少许油水混合液。沥青混合料摊铺尽量减少人工处理,防止破坏表面纹理,但混合料出现离析现象时必须采取人工筛料处理。处理时要随用随筛,筛孔不宜小于10 mm。

**(五)混合料的压实**

(1)在混合料完成摊铺和刮平后立即对路面进行检查,对不规则之处及时用人工进行调整,随后进行充分均匀的压实。

(2)压实工作应按试验路确定的压实设备的组合及程序进行。

(3)压实分初压、复压和终压三个阶段:①初压。摊铺之后立即进行(高温碾压),用静态二轮压路机完成(2遍),初压温度控制在130~140 ℃。初压应采用轻型钢筒式压路机或关闭振动的振动压路机碾压,碾压时应将驱动轮面向摊铺机,碾压路线及碾压方向不要突然改变而导致混合料产生推移,初压后检查平整度和路拱,必要时予以修整。②复压。复压紧接在初压后进行,复压用振动压路机和轮胎压路机完成,一般是先用振动压路机碾压3~4遍,再用轮胎压路机碾压4~6遍,使其达到压实度。③终压。终压紧接在复压后进行,终压采用双轮钢筒式压路机或关闭振动的振动压路机碾压,消除轮迹(终了温度大于80 ℃)。

---

❶ 杜文风,张慧.空间结构[M].北京:中国电力出版社,2008.

（4）初压和振动碾压要低速进行，以免对热料产生推移、发裂。碾压应尽量在摊铺后较高温度下进行，一般初压不得低于130 ℃，温度越高越容易提高路面平整和压实度。要改变以前等到混合料温度降低到110 ℃才开始碾压的习惯。

（5）碾压工作应按试验路确定的试验结果进行。

（6）在碾压期间，压路机不得中途停留、转向或制动。

（7）压路机不得停留在温度高于70 ℃的已经压过的混合料上，同时，应采取有效措施，防止油料、润滑剂、汽车或其他有机杂质在压路机操作或停放期间洒落在路面上。

（8）在压实时，如接缝处（包括纵缝、横缝或因其他因素而形成的施工缝）的混合料温度已不能满足压实温度要求，应采用加热器提高混合料的温度达到要求的压实温度，再压实到无缝迹。

（9）摊铺和碾压过程中，要组织专人进行质量检测控制和缺陷修复。压实度检查要及时进行，发现不够时在规定的温度内及时补压。已经完成碾压的路面，不得修补表皮。施工压实度检测可采用灌砂法。

**（六）接缝的处理**

（1）纵、横向两种接缝边应垂直拼缝。

（2）在纵缝上的混合料，应在摊铺机的后面立即有1台静力钢轮压路机以静力进行碾压。碾压工作应连续进行，直至接缝平顺而密实。

（3）纵向接缝上下层间的错位至少应为15 cm。

（4）由于工作台中断，摊铺材料的末端已经冷却，或者在第2天恢复工作时，就应做成一道横缝。横缝应与铺筑方向大致成直角，严禁使用斜接缝。横缝在相邻的层次和相邻的行程间均应至少错开1 m。横缝应有一条垂直经碾压成良好的边缘。

## 二、沥青玛琋脂碎石混合料（SMA）的施工工艺

**（一）施工准备**

沥青玛琋脂碎石混合料（SMA）的施工与一般沥青混合料不同，各种材料必须符合《公路沥青路面施工技术规范》（JTG F40—2004）的要求。

（1）粗集料：应使用石质坚硬、具有棱角、表面粗糙、耐磨耗、抗冲击、形状接近立方体，有良好的嵌挤能力的集料，并应符合沥青抗滑表层对粗集料的质量技术要求。SMA混合料所用的粗集料最大粒径为19 mm。

（2）细集料：用于沥青玛琋脂碎石混合料的细集料应洁净、干燥、无风化、无杂质，并有一定的棱角。应选用加工的机制砂，规格为0~3 mm、3~5 mm。

（3）填料：SMA面层所用的填料即矿粉，采用石灰石加工的矿粉，不得含有泥土及杂物，要求干燥、洁净、无杂质、无结团。

（4）沥青：沥青玛琋脂碎石混合料所用沥青应具有较高的黏度，应与集料有良好的黏附性。SMA面层所用沥青必须符合规范要求，沥青进场前必须检验各项指标，合格后方可进场。

（5）纤维稳定剂：SMA面层必须掺入纤维稳定剂，路用纤维有三大类：木质素纤维、矿物纤维和有机纤维。用于SMA的纤维稳定剂多为木质素纤维，纤维稳定剂的用量为沥青

混合料总量的 2‰~3‰。

### (二)SMA 混合料拌和

拌和 SMA 混合料的设备应是间歇式沥青混合料拌和设备,并配有纤维稳定剂自动投料装置,另外矿粉的投入能力也应符合填料数量的要求,应加大矿粉投入量。SMA 的拌和进料程序及工艺流程:不同规格的冷集料(碎石、机制砂)→进入冷集料定量给料装置的各料斗中,按容积进行粗配→进入冷集料传输工作带→进入干燥滚筒烘干加热→进入热集料提升装置转动→进入热集料筛分机筛分→热集料进入临时储料斗暂时储存→进入热集料计量装置精确称量→加入纤维→进入搅拌装置中搅拌,即干拌,矿粉进入矿粉储料仓→定量给料装置→进入搅拌机中搅拌;沥青→沥青保温罐→沥青定量给料装置→进入搅拌锅中搅拌,拌和好的混合料成品→直接装车运至摊铺工地。

#### 1.SMA 混合料拌和时间

SMA 混合料的拌和时间比一般沥青混合料时间长,干拌时间比一般沥青混合料增加 5~10 s。

#### 2.SMA 混合料拌和温度

SMA 的拌和温度应由沥青结合料黏度确定,由于冷矿料的数量增加,集料烘干温度可适当提高,混合料拌和后出料温度较一般沥青混合料的出料温度高 10~20 ℃,矿料加热温度宜控制在 180~195 ℃;沥青加热温度宜控制在 165~170 ℃,沥青加热温度过高轻质组分挥发易于碳化,因此不宜过高。拌和好的混合料不能立即装车运往工地摊铺时,必须储存在有好的保温设备的储料仓中,储存时间不宜超过 24 h,同时还应符合出厂温度的要求。

### (三)SMA 混合料运输

SMA 混合料通常可用热拌沥青混合料运料自卸汽车运输,运料车应附有保温设施。运输车的技术状况应保持良好,同时车厢保持干净无杂物,为防止沥青与车厢黏结,可将车厢底、侧板均匀涂一层 1:3 柴油与水的混合液薄层,不得使车厢底部有余液流滴和积累。

### (四)SMA 混合料摊铺

SMA 混合料摊铺,可以使用摊铺一般沥青混合料的摊铺机。SMA 在摊铺前应将路面表面散落杂物、泥土清理干净,喷洒粘层沥青,用量为 0.3~0.5 L/m²,粘层沥青宜选用改性乳化沥青。当摊铺路幅较宽时,SMA 宜采用双机组成梯队作业,进行联合摊铺,两机前后间隔 5~10 m;相邻两幅之间应有重叠,其重叠宽度应为 15~20 cm;摊铺时应保持连续进行不得中断,摊铺速度可根据供料情况而定,通常为 2~3 m/min。SMA 混合料的摊铺温度不低于 160 ℃,施工气温不低于 10 ℃,SMA 混合料摊铺不得夜间施工,遇雨应立即停止摊铺,残留在车厢内已经结块的 SMA 混合料不得使用。

### (五)压实的工艺要求

(1)混合料的碾压以"紧跟、慢压、高频和低幅"为原则。摊铺后应立即压实,不得等候。压路机应以 2~4 km/h 的速度均匀碾压,碾压按三个阶段进行:①初压(1 遍),碾压时主动轮在前,从动轮在后,速度为 1.5~2 km/h,起步、停止均应缓慢,以免产生推移。静压时每次应重叠 30 cm 轮迹,振动碾压时每次重叠 15~20 cm 轮迹。在 140 ℃以上温度时完成初压。初压后检查平整度,必要时进行适当修整。②复压(2遍),初压后紧接着振动碾压2遍,振动频率为35~50 Hz,速度为3.5~4.5 km/h。③终压(1遍),复压后紧接着静压,消除轮迹。速度为3 km/h左右,温度一般控制在110~130 ℃。

(2)由于对改性沥青SMA温度要求较高(温度低,平整度及压实度都会受影响),碾压时一定要始终坚持紧跟、慢压的原则,碾压路段的速度应与摊铺速度相适应。碾压时不划分碾压段,压路机来回折返的起终点随摊铺机不断前移,每次由两端折回的位置应成阶梯形,不能在同一横断面上。在终压温度前消除全部轮迹,一旦达到要求的压实度(不小于马歇尔试验密度的96%)应立即停止压路机作业,以免过度碾压导致沥青玛琋脂结合料被挤压到路表面。

(3)由于SMA混合料使用了改性沥青且沥青含量高,因而黏度大,不得使用轮胎式压路机碾压,以防粘轮及轮胎揉搓将沥青玛琋脂挤到表面而达不到压实效果,必须采用刚性碾碾压。

(4)为了防止混合料粘轮,可在钢轮表面均匀洒水,使其保持潮湿,水中掺少量的清洗剂或其他适当材料,但要防止过量洒水引起混合料温度骤降。

(5)压路机起步、刹车要缓慢,严禁在新摊铺层上转向、调头或停机,所有机械不能在未冷却结硬的路面上停留。压路机碾压时,相邻碾压带应重叠1/4~1/3轮宽,碾压工作面长度为30~50 m。

(6)初压温度不低于160 ℃,复压温度不低于130~140 ℃,终压温度不低于120 ℃。

**(六)接缝处理**

接缝是影响平整度的一个重要因素。SMA路面接缝处理比普通沥青混合料难,由于冷却后的SMA混合料非常坚硬,应想方设法防止出现冷接缝。为提高平整度,一般切割成垂直面,可在路面完工后,稍停一停,在其尚未冷却之前切割好。具体做法:将3 m直尺沿路线纵向靠在已施工段的端部,伸出端部的直尺,呈悬臂状;以已施工路面与直尺脱离点定出接缝位置,用锯缝机割齐后铲除废料,并用水将接缝处冲洗干净;新混合料摊铺前,清洗接缝,涂抹粘层油,并用熨平板在已铺表面层上预热,再下料摊铺。接缝处碾压应尽快处理,先纵向在5~10 m来回碾压,再横向在2~4 m碾压,最后按正常的速度进行纵向碾压。

# 第六节　道路工程造价控制与管理

目前,我国的城市发展十分迅速,市政道路桥梁施工中,对工程造价的控制和管理直接影响着工程的效益,同时工程造价控制与管理也是有效控制施工成本的重要方式,所以也得到市政道路桥梁建筑施工企业的广泛重视。本节主要对当前市政道路桥梁工程造价控制与管理中存在的不足进行分析,并提出相应的控制和管理对策。

随着改革开放成果逐渐体现,国内市政道路桥梁工程的建设水平不断提升,对于施工过程控制也提出了更高的要求。市政道路作为民生建设项目,它与日常的运维管理以及运输安全都具有密切的关系。为了进一步探讨市政道路桥梁工程的施工管理的优化策略,现就管理中常见的问题简单介绍如下。

## 一、市政道路桥梁管理及控制的必要性

随着社会逐渐趋向于现代化发展,大众日益增长的出行需求为市政道路桥梁工程在施工管理及控制工作上带来了前所未有的挑战。由于市政道路桥梁工程在实际投入试用期间所需承载的负荷较大,对其结构中的稳定性造成了极为不利的影响,大大提升了市政道路桥梁病害或事故发生概率。因此,从一定角度上来说,强化市政道路桥梁工程施工及控制力度,不仅能够切实提升工程总体质量,更对人民出行安全及社会主义的和谐构建具有重要的意义。

## 二、市政道路桥梁工程的施工管理常见问题

### (一)钢筋上产生的锈蚀

桥梁道路施工上的一个很严重的质量问题就是桥梁道路在使用的钢筋出现锈蚀的现象,当天气不好经常下雨、暴晒、风吹都会导致桥体的钢筋产生锈蚀。当这种现象刚刚产生时面积会非常得小,但是长久下去对钢筋的锈蚀作用就会渗透进入钢筋的内部,这样下去整根钢筋都会被锈蚀。当钢筋被锈蚀以后桥梁的承载能力就会大大降低,与此同时,由于桥梁内部的钢筋被锈蚀,桥梁内部结构就会被损害,损害逐渐严重,就会导致发生锈蚀的钢筋周围的混凝土产生膨胀裂缝的现象,长久下来钢筋的那一层外混凝土保护层就会慢慢脱落,这样下去整个道路桥梁质量会受到严重的影响,行人行车就会发生危险。

### (二)市政路桥施工管理工作压力大

随着社会经济的全球化发展,国家要想从根本上提升自身的综合实力,就必须将此刻的工作重点放在加强城市化建设,建立起完善的路桥交通网络等方面。而市政道路桥梁企业作为这其中的直接执行者,其在对市政道路桥梁工程施工进行管理的过程中,不仅肩负着国家、社会、城市三方面的发展重担,而且要对企业自身的稳定发展,基层员工的生活保障等方面给予高度的重视。

### (三)工程造价管理中过程化管理薄弱

道路桥梁造价管理贯穿于整个施工过程,包括招标投标、施工以及竣工结算的全过程,每一个阶段都可能会影响到工程造价管理的效果,比如招标投标阶段,如果在这个过程中,企业没有完全根据招标投标的流程进行招标工作,或者没有严格审查招标投标文件,这也会对工程造价造成严重的影响;再比如在施工阶段,没有对施工工艺方案进行比较,或者过于注重技术性忽视经济性等也会对工程造价造成影响。在施工管理中没有对现场的施工材料进行妥善的管理,造成材料的严重浪费等也会影响到工程的造价管理效果。此外,在工程的竣工验收过程中,如果没有对各项验收资料进行审核,或者资料不完善等也会导致造价管理受到影响。不同的企业对道路桥梁施工不同阶段的造价管理认识的层次不同,也导致不同阶段造价管理间的联系性不强,会对造价管理的效果造成严重的影响。

## 三、市政道路桥梁工程的施工管理的控制策略

### (一)加强施工管理

市政道路桥梁工程的施工管理要想得到加强,需要做好以下几个方面的具体工作:首

先,政府相关的单位必须对于施工监督给予高度的重视,投入充分的监督力量并建立专门部门进行管理,从而更好地服务于市政道路桥梁工程的建设工作;其次,创建合适的奖惩制度,规范化、制度化管理,通过制定严格的标准来防止出现施工质量安全事故,同时也可以最大限度地降低成本;最后,市政道路桥梁施工部门需要不断强化工程监管,提升项目的关注度,特别加强全过程控制,建立完善的管理制度与规范,确保能够根据设计图进行施工。

## (二)加强对造价人员能力和素质的提升

造价管理人员是道路桥梁工程造价管理的主导者,造价管理人员的能力和素质直接影响着造价管理的效果,所以必须要加强对造价管理人员综合素质的提升,改善造价管理人员的知识结构和专业水平,并加强职业道德建设。首先,加强对造价管理人员的全面教育培训,提升造价管理人员的综合素质。根据造价管理人员的具体情况,对造价管理中涉及的招标投标以及索赔处理等方面的内容进行针对性培训,通过查缺补漏的培训方式能够有效地提升培训效率。此外,在造价管理人员的道德素质培训中,需要强调造价管理中的公平、公正原则。根据时代的发展,加强对工程施工等方面的培训,并不断地拓展培训的业务范围。比如适当增加信息技术、金融等方面的知识,从而使造价管理人员能够根据工程发展的需要,提升造价管理的效率,对其中的相关内容进行有效的预测,从而保证造价管理人员的能力和素质能够满足造价管理的要求。其次,加强对造价管理人员相关法律法规的培训,造价管理中涉及很多的法律问题,所以提升造价管理人员的法律意识也是非常必要的。通过法律意识的提升,不仅有利于造价管理人员工作的顺利开展,同时还能够保证造价管理的科学性。

## (三)细化工程管理方案

为更好地探索出市政道路桥梁施工管理路径,建筑企业管理人员应做好提升市政道路桥梁工程较高使用性能以及对外界因素的维持工作,基于国家所颁布的相关施工标准,细化工程管理方案。其中,细化后的施工方案主要包括以下几点:①制定管理目标。为工程的实施指明实际发展方向;②注重质量的管理。针对人员专业技能、施工方案及设计图纸等方面进行质量管理;③加强工程监管。充分发挥出建设方及监理方的监管作用,针对市政道路桥梁工程存在问题,完善及修订施工方案。

## (四)加大旁站监理力度

不同于其他工程,市政道路桥梁工程质量要求较为特殊,所以需要监理单位进行全程监理,以此使市政道路桥梁工程质量得到有效控制与管理。在实际施工过程中,监理单位可以加派监理人员进行旁站监理,确保整个施工环节都得到监理人员的严格管理与控制。同时,监理人员在旁站过程中还应及时提出施工中存在的问题,并对其进行积极指导,从而在不影响施工进度的前提下做出正确修整,最终使市政道路桥梁工程质量得到保证。

随着科学技术的快速发展,目前市政道路桥梁工程的施工管理也进入到崭新的阶段。市政道路桥梁工程的施工管理涉及的内容众多,要通过适当的施工过程控制,加强裂缝防控等具体措施来实现全过程管控,同时也要做好队伍的建设工作,提升管理能力,更好地服务于市政道路的管理与建设。

# 第五章 市政给水排水工程施工技术

## 第一节 市政排水管渠工程概述

### 一、市政排水管渠的分类、组成及总体要求

市政排水管渠是市政排水管道及市政排水沟渠的统称。市政排水管渠是城市的重要基础设施之一,与城市的河道、湖及其他水利管渠系统一起,构成城镇的排水管网系统。由于它具有不同于水利管渠的特殊要求,因此划分为独立的市政排水系统。

#### (一)市政排水管渠的分类及总体要求

按管渠排水性质的不同,市政排水管渠可分为雨水管渠、污水管渠和雨污合流管渠三种类型。雨水管渠主要用来排泄地面雨水,容许未经污染的工业冷却水进入管渠内;雨水管渠下游可通过排水出口设施,通入城市排洪系统及天然河、湖水系中。污水是指排泄一切使用过的生活污水和允许排入城市污水管网系统工业废水。污水管渠下游为防止污染天然水系和城市环境,按我国有关环保的法规、法令,应排入污水处理厂、站,经处理后再排入天然河湖水系。按所用的材料不同,市政排水管渠可分为钢筋混凝土管渠、砖石圬土沟渠、土石渠等。排水管渠按其施工方法,可分为明挖管渠和顶管两类。

#### (二)市政排水管渠的构造及组成

1.排水管道

排水管道是由承担排水功能的主体结构——预制混凝土、钢筋混凝土或预应力混凝土管材和现浇混凝土基础构成的组合结构。当采用顶管法施工时,由于特别预制的加强钢筋混凝土管材,是用千斤顶从预先挖好的工作坑内顶入原状地层的,因此靠加强钢筋混凝管材和它下面的土基构成了管道[❶]。

排水渠道,在市区、城镇中心区,均采用埋入地下的砖、石、混凝土、钢筋混凝土的闭口渠道结构。一般是现浇混凝土或钢筋混凝土底板或基础的上面,砌筑砖、石沟墙,然后安装预制的钢筋混凝土盖板来构成;或整体现浇钢筋混凝土箱形结构;或在钢筋混凝土底板上预制安装拱形或门形构件,组成沟渠结构。

2.附属构筑物

排水管渠的附属构筑物包括各种检查井、进水口、出水口等。

### 二、市政排水管渠工程特点

(1)排水工程除各类检查井、雨水口表面或渠箱盖板外,均属隐蔽工程,施工单位容

---

❶ 贺少辉.地下工程[M].北京:清华大学出版社,北京交通大学出版社,2006.

易认为其施工技术要求不如道路、桥梁工程要求高,而重视程度不够,往往因施工管理力量较弱、管理措施不够严细而引起质量缺陷。

(2)排水管线与原有地下管线均布置在路床内。排水管线施工中,经常遇到与原有或新铺设的地下管线正交或斜交的情况,故施工过程中,首先必须制订严密的、可靠的且可行的保护各种地下管线的措施,并予以认真贯彻落实。

(3)排水管线与新铺设的其他管线,尤其是供水管线往往同期施工。施工单位之间的协调配合工作尤为突出。

(4)排水工程质量检验评定时,实测实量项目选取的检测点数并不多。尤其像"管内底高程"这一类带"△"符号的检测项目,每个井段只取两点检测。所以,施工中必须严格控制,如果其中某一点的管底标高偏差超过允许值,对整个排水工程的质量等级将造成极大的影响。

# 第二节　排水管道工程质量通病

## 一、施工排水

排水工程都在地表以下施工,沟槽(基坑)开挖前后会遇到施工排水这一重要的施工环节,施工期间必须重视和预防地面积水,确保雨期、汛期施工范围的工厂、房屋、道路及其他构筑物的安全和交通顺利疏导。在施工前必须认真做好施工区域排水现状的勘察和调查,包括地形、地质条件、地下水情况、现有的排水系统、上游及施工范围的来水情况及下游去水状况等,并根据估算施工期可能出现的最大暴雨强度,配备一定数量的水泵排水。施工地段排水方法根据沟槽深度、地下水水文条件、土质及其渗透系数、工程结构、工期等要求综合考虑后选择。

### (一)施工排水方法

施工排水方法的选用,根据工程中需要解决的技术问题以及现场条件的不同,而选用相应的排水方案。常见的主要方法有明沟排水、轻型井点降水(滤井降水)、管井井点降水和深井降水等,下面分别叙述这几种常见的排水方法。

### (二)轻型井点质量通病及防治

主要设备包括井点管、集水总管和水泵等。地下水主要依靠真空形成的负压提升到地面。真空由水泵产生。轻型井点因水泵类型不同分为干式真空井点、射流泵井点和隔膜泵井点。它们的排气排水方式不同,常见故障和防治方法亦不同。轻型井点一般通病如下。

**1.真空度失常**

(1)现象:①真空度很小、真空表指针剧烈抖动,抽出水量很少。②真空度异常大,但抽不出水。③地下水位降不下去,基坑边坡失稳,有流沙现象。

(2)原因分析:①井点设备安装不严密,管路系统大量漏气。②水泵零、部件磨损或发生故障。③井点滤网、滤管、集水总管和过滤器被泥沙淤塞,或砂滤层含泥量过大等,以致水泵上的真空表指针读数异常,但抽不出地下水。

(3)预防措施:①井点管路安装必须严密。②水泵安装前必须全面保养,空运转时的真空度应大于700 mmHg。③轻型井点系统的全部管路,在安装前均应把管内的铁锈、淤泥等杂物清除干净,并加以防护。井点冲孔深度应比滤管底端深50 cm以上,冲孔直径应不小于30 cm。单根井点埋设后要检查它的渗水能力,一套井点埋设后要及时试抽,全面检查管路接头安装质量、井点出水状况和水泵运转情况,发现漏气和"死井"等问题应立即处理。

(4)治理方法:①真空度失常而又一时不易辨别故障的具体部位时,可先将集水总管和水泵之间的阀门关闭。如果真空度仍然很小,属于水泵故障;如果真空度由小突然变大,属于水泵以外的管路漏气。②集水总管漏气可根据漏气声音逐段检查,在漏气点根据情况或拧紧螺栓,或用白漆(必要时加麻丝)嵌堵缝隙或管子丝扣漏气部位。③井点管因淤塞而抽不出水的检查办法有:手摸井管时冬天不暖夏天不凉,井管顶端弯头不呈现潮湿;用短钢管一端触在井管弯头上,另一端侧耳细听,无流水声;通过透明的塑料弯联管察看,不见有水流动;向井点管内灌水,水不下渗。基坑未开挖前可用高压水冲洗井点滤管内淤积泥沙,必要时拔出井点管,洗净井点滤管后重新水冲下沉。

2.水质浑浊

(1)现象:①抽出的地下水始终不清,水中含砂量较多。②基坑附近地表沉降较大。

(2)原因分析:①井点滤网破损。②井点滤网和砂滤料规格太粗,失去过滤作用,土层中的大量泥沙随地下水被抽出。

(3)预防措施:①下井点管前必须严格检查滤网,发现破损或包扎不严密应及时修补。②井点滤网和砂滤料应根据土质条件选用,当土层为亚砂土或粉砂时,根据经验一般可选用60~80目的滤网,砂滤料可选中粗砂❶。

(4)治理方法:始终抽出浑浊水的井点,必须停止使用。

3.井点降水局部异常

(1)现象:基坑局部边坡有流沙堆积或出现滑裂险情。

(2)原因分析:①失稳边坡一侧有大量井点管淤塞或真空度太小。②基坑附近有河流或临时挖掘的积存有水的深水沟,这些水向基坑渗漏补给,使动水压力增高。③基坑附近地面因堆料超载或机械振动等,引起地表裂缝和坍陷,如果同时又有地表水向裂缝渗漏,则流沙堆积或滑裂险情将更严重。

(3)预防措施:①在水源补给较多一侧,加密井点间距,在基坑开挖期间禁止邻近边坡挖沟积水。②基坑附近地面避免堆料超载,并尽量避免机械振动过度。

(4)治理方法:①封堵地表裂缝,把地表水引往离基坑较远处,找出水源予以处理,必要时用水泥灌浆等措施填塞地下空洞裂隙。②在失稳边坡一侧,增设水泵分担部分井点管,提高这一段井点管的抽吸能力。③在有滑裂险情边坡附近卸载,防止险情加剧造成井点严重位移而产生的恶性循环。

**(三)深井井点质量通病及防治**

主要设备包括深井、深井泵(或深井潜水泵)和排水管路等。地下水依靠深井泵(或

---

❶ 刑丽贞.给排水管道设计与施工[M].北京:化学工业出版社,2004.

深井潜水泵)叶轮的机械力直接从深井内扬升到地面排出。

深井泵的电动机安装在地面上,它通过长轴传动使深井内的水泵叶轮旋转。而电动机和水泵均是淹没在深井内工作的,则称为深井潜水泵。常见故障和防治方法与成井质量、泵的安装和使用密切相关。

1.地下水位降不下去

(1)现象:深井泵(或深井潜水泵)的排水能力有余,但井的实际出水量很少,因而地下水位降不下去。

(2)原因分析:①洗井质量不良。砂滤层含泥量过高,孔壁泥皮在洗井过程中尚未破坏掉,孔壁附近土层在钻孔时遗留下来的泥浆没有除净,结果使地下水向井内渗透的通道不畅,严重影响单井集水能力。②滤网和砂滤料规格未按照土层实际情况选用,渗透能力差。③水文地质资料与实际情况不符,井点滤管实际埋设位置不在透水性较好的含水层中。

(3)预防措施:①在井点管四周灌砂滤料后应立即洗井。使附近土层内未吸净的泥浆依靠地下水不断向井内流动而清洗出来,以达到地下水渗流畅通。抽出的地下水应排放到深井抽水影响范围以外。②滤网和砂滤料规格应根据含水层土质颗粒分析选定。③在土层复杂或缺乏确切水文地质资料时,应按照降水要求进行专门钻探,对重大降水工程应做现场抽水试验。在钻孔过程中,应对每一个井孔取样,核对原有水文地质资料。在下井点管前,应复测井孔实际深度,结合设计要求和实际水文地质情况配井管和滤管,并按照沉放先后顺序把各段井管、滤管和沉淀管依次编号,堆放在孔口附近,避免错放或漏放滤管。

(4)治理方法:①重新洗井要求达到水清砂净,出水量正常。②在适当位置补打井点。

2.地下水位降深不足

(1)现象:①观测孔水位未降低到设计要求。②基坑内涌水、冒砂,施工困难。

(2)原因分析:①基坑局部地段的井点根数不足。②深井泵(或深井潜水泵)型号选用不当,井点排水能力太低。③单井排水能力未充分发挥。④水文地质资料不确切,基坑实际涌水量超过计算涌水量。

(3)预防措施:①先按照实际水文地质资料计算降水范围总涌水量、深井单位进水能力、抽水时所需过滤部分总长度、井点根数/间距及单井出水量。复核井点过滤部分长度、井点进出水量及井点降深要求,以达到规定要求。一般情况是在基坑转角处、地下水流的上游、临近江河等的地下水源补给一侧的涌水量较大,应加密井点间距。②选择深井泵(或深井潜水泵)时应考虑到满足不同降水阶段的涌水量和降深要求。一般在降水初期因地下水位高,泵的出水量大;但在降水后期因地下水位降深增大,泵的出水量会相应变小。③改善和提高单井排水能力。可根据含水层条件设置必要长度的滤水管,增大滤层厚度。

(4)治理方法:①在降水深度不够的部位,增加井点根数。②在单井最大集水能力的许可范围内,可更换排水能力较大的深井泵(或深井潜水泵)。③洗井不合格时应重新洗,以提高单井滤管的集水能力。

## 二、沟槽开挖的质量通病及防治

### (一) 沟槽断面过窄、支撑过弱

(1)现象:沟槽支撑强度、刚度或稳定性不足,各类支撑构件变形过大甚至折断、损坏,致使沟槽开挖边坡塌方。

(2)原因分析:①只图省工而蛮干或在侥幸心理指导下不按施工规程和安全规定施工。②对沟槽的土质条件、地下水情况及施工环境了解不够,致使施工方案,尤其是支撑方案不当。③开槽断面过窄,无法进行合理支撑或支撑强度不足。

(3)预防措施:①挖沟槽前认真调查沟槽所在地段的土质、地下水、地面及地下构筑物、周围的环境(包括道路交通)等情况,制订合理的施工组织设计和施工方案。②沟槽及检查井的开挖宽度必须考虑后续工序的操作方便和有利于施工排水,开挖宽度应根据土壤性质、地下水情况、排水管管径(或渠箱宽度)、埋深及施工方法、交通要求等条件综合考虑。③深槽开挖应分层进行。易塌方地段应先打板桩后挖土,随挖随装顶撑加固。

### (二) 沟槽积水

(1)原因分析:①对基坑排水(降水)的重要性认识不足,施工排水措施选择不当。②对上游地区和原有排水系统的来水、施工区域汇集的地表水及下游去水情况掌握不准确。③未设排水设施,或降水方法不当。

(2)预防措施:①根据施工区域地形条件和原有排水设施的现状进行施工排水设计,尽量使上游地区和原有排水系统的来水改道而不进入施工地段。②采用沟槽内明沟排水时,排水沟应设置在构筑物基础范围之外,并应设集水井。明沟和集水井宜随沟槽挖深而逐步加深。③雨期施工时,沟槽顶上四周应设置截水沟,若不能及时浇灌垫层基础混凝土,沟槽宜预留 20 cm 左右一层暂不开挖,待后续工序动工前挖除。

### (三) 基坑超挖

(1)原因分析:标高测量错误或机械挖土时标高控制不准确。

(2)预防措施:①基坑预留 20 cm 左右人工清底。②若基底超挖或被扰动,则清除被扰动部分,并将超挖部位和已清除受扰动土的位置回填石屑、碎石或砂并夯实。超挖不大于 15 cm 且无地下水时,可用原土回填夯实。③基底土质松软时,可夯实或换填石屑、砂等处理。④基坑开挖至设计标高并验收合格后,应迅速浇灌垫层混凝土。

# 第三节  水池、泵站工程

水池及排水泵站的基坑开挖及回填,沉井,模板支架,钢筋,混凝土结构,预制构件,圬工结构(砖砌及砌石),安装工程,渠道工程(土渠、石渠、混凝土渠、砖渠)及渠道闭水试验,渠道护底、护坡等除应符合一般工程的质量要求外,还有其自身工程特点。本节主要介绍水池、泵房施工要点,工程质量主要检验项目及检验方法。

## 一、水池

水池按结构形式可分为现浇钢筋混凝土水池、装配式混凝土水池、装配式预应力混凝土水池和砖石砌体水池。

**(一)现浇钢筋混凝土水池**

1.模板支架施工要点

(1)池壁与顶板连续施工时,池壁内模立柱不得作为顶板模板立柱。顶板支架的斜杆或水平拉杆不得与池壁模板的杆件相连。

(2)池壁模板可先装一侧,绑扎完钢筋后,分层安装另一侧模板;或一次安装到顶,但分层预留操作窗口。

(3)池壁最下一层模板应在适当位置预留清扫杂物的窗口,浇筑混凝土前,将池壁模板内侧清洗干净,检验合格后再封闭此窗口。

(4)模板必须平整,拼缝应严密不漏浆。固定模板的螺栓不宜穿过池壁混凝土结构,以免沿穿孔缝隙渗水。模板应便于拆卸。拆模时宜先拆内模。

(5)必须采用对拉螺栓固定模板时,应加焊止水环,止水环直径一般为8~12 cm。

2.使用补偿收缩混凝土

(1)浇筑前,检查模板支架的坚固性和稳定性,并将模板与混凝土接触的表面进行湿润和保潮。模板应接缝严密不漏浆,模板内应清洁无杂物。

(2)严格控制混凝土配合比,并根据施工现场情况的变化,及时调整施工配合比。

(3)收缩混凝土坍落度损失较大。如现场气温超过30 ℃,或混凝土运输、停放时间超过30~40 min,应在拌和前加大混凝土坍落度或用外加剂"后加法"处理,但决不允许混凝土拌和后再次单独加水重新搅拌。浇筑温度不宜大于35 ℃,亦不宜低于5 ℃。

(4)补偿收缩混凝土无泌水现象,便于输送。应注意早期养护,并采取挡风、遮阳、喷雾等措施,以防产生塑性伸缩裂缝。常温下,浇筑后8~12 h即可覆盖浇水,并保持湿润养护至少14 d。

(5)因客观因素导致不能连续浇筑时,应按规定留置施工缝。

3.混凝土浇筑及养护

(1)混凝土的自落高度不得超过1.5 m,否则应使用串筒、溜槽等机具浇筑。

(2)应连续浇筑,分层浇筑每层厚度不宜超过30~40 cm。相邻两层浇筑时间不得超过2.5 h(掺缓凝性外加剂的间歇时间由配合比试验确定)。超过规定的间歇时间,应留置施工缝❶。

(3)混凝土底板和顶板不得留施工缝。当设计有变形缝时,宜按变形缝分仓浇筑。

(4)浇筑倒锥体底板或拱顶混凝土时,应由低向高,分层浇圈,连续浇筑。

(5)不宜用电热法和蒸汽养护。采用池内加热养护时,池内温度不得连续低于5 ℃和高于15 ℃,并同时洒水养护,保持湿润。池壁外侧应覆盖保温。必须采用蒸汽养护时,宜用低压饱和蒸汽均匀加热,最高气温不宜大于30 ℃,升温速度不宜大于10 ℃/h,降温速度不宜大于5 ℃/h。

(6)冬期施工注意防止结冰,特别是预留孔洞处及容易受冻部位应加强保温措施。

---

❶ 张培红,王增欣.建筑消防[M].北京:机械工业出版社,2008.

## (二)装配式混凝土水池

### 1.底板施工

(1)放线。垫层混凝土强度达到 1.2 MPa 后,核对圆形水池中心位置,弹出十字线,核对集水坑、排污管、槽杯口的内外弧线,控制杯口位置,吊绑杯口内侧弧线及加筋区域弧线。方形水池在池底垫层弹出池底板与 L 形壁板接头位置线。

(2)圆形水池钢筋绑扎。按加筋区域弹线布筋,先放弧形筋,再布放射状筋,最后放弧线筋,绑扎成整体。池底板上、下层钢筋用钢筋马凳控制间距及保护层厚度。

(3)模板安装。重点解决吊模的支设,吊模上、下部位可用钢筋马凳支撑,其平面位置宜在池底预埋角钢作支撑固定。杯槽、杯口模板安装前必须再次复测安装位置及标高,且必须安装牢固。

(4)浇筑混凝土。由中心向四周扩张浇筑混凝土,必须连续作业。中间间歇时间不得超过 2 h。池壁杯槽、杯口部分,可交替两个茬口式,分两个作业面相背连续操作,一次完成不留施工缝。杯槽杯口的内壁应与底板混凝土同时浇筑。杯槽杯口的外壁宜后浇。

### 2.构件安装

(1)准备工作。环槽杯口及每块壁板两侧凿毛、清理干净。吊装设备及构件检查。环槽及构件弹线。

(2)吊装顺序及安装注意事项:

①池内。柱子吊装校正后浇筑杯口混凝土,吊装曲梁焊接连接件后吊装扇形板。

②池壁。壁板吊装校正固定后浇筑杯槽杯口混凝土,吊装扇形板。

③构件安装就位后,采取临时固定措施,曲梁应在梁的跨中临时支撑。

④在轴线位置及标高校正后,焊接连接件或浇筑混凝土湿接头。

⑤临时支撑应待上部后期混凝土达到设计强度的 70%以上方能拆除。

### 3.接缝

(1)池壁环槽杯口用细石混凝土浇筑,先浇筑外杯口后浇筑内杯口,保持湿润状态养护 7 d 以上。

(2)壁板接缝。

①壁板接缝内模宜一次安装到顶,外模应分段随浇筑混凝土随支模。分段支模高度不宜超过 1.5 m。

②接缝混凝土强度等级应比壁板提高一级,宜用微膨胀混凝土,水灰比应小于 0.5。

③混凝土分层浇筑厚度不宜超过 25 cm,机械振捣并用人工捣固配合。

④接缝混凝土浇筑应根据气温和混凝土温度选在壁板缝稍有胀宽时进行。

## (三)装配式预应力混凝土水池

### 1.预应力绕丝法

(1)绕丝方向。自上而下进行,第一圈距池顶的距离按设计规定或绕丝机械设备能力而定,且不宜大于 50 cm。

(2)卡具。开始正卡具为越来越紧式,末端用同种卡具但方向相反。绕丝机前进时,末端卡具松开,钢丝绕池一周后开始张拉打紧。

(3)张拉力。一般张拉应力为高强钢丝抗拉强度的 65%,张拉力误差控制在 ±1 kN

范围内,且保持绕丝机压力不小于 20 kN。超张拉力在 23~24 kN 时,要不断调整弹簧。

(4)应力测定点从上到下宜在同一条竖直线上,便于进行压力分析。施力张拉时,每绕一圈钢丝应测定一次钢丝拉力。

(5)钢丝接头采用前接头法。池壁两端不能用绕丝机缠绕的部位,应在顶端和底端附近加密或改用电热法张拉已缠绕的钢丝,不得受尖硬物或重物撞击。

2.电热张拉法

(1)张拉顺序。宜由池壁顶端,逐圈向下或先下后上再中间,即张拉池下部 1~2 环,再张拉池顶 1 环,然后从两端向中间对称进行张拉,最大环张力的预应力钢筋安排在最后张拉,以尽量减少部分预应力损失。每一环预应力钢筋应对称张拉,并不得间断。

(2)与锚固肋相交处的钢筋应有良好的绝缘处理(可用酚醛纸板),端杆螺栓接电源处应除锈并保持接触紧密,通电后,应检查机具、设备的绝缘情况。

(3)通电前钢筋应测定初应力,张拉端应刻画伸长标记。

(4)张拉过程中及断电后 5 min 内,应用木锤连续敲打各段钢筋,使之产生弹跳,以利钢筋舒展伸长,调整应力。

(5)电热过程中必须测量 1~2 次导线电压、电流、预应力钢筋温度及通电时间。电热温度不应超过 350 ℃。

(6)锚固必须随钢筋的伸长同时进行,直至伸长值达到设计要求停电。伸长值的允许偏差为+10%,−5%。

(7)张拉结束后,钢筋经 12 h 左右冷却至常温,将螺帽与垫板焊牢。为防止温度偏高影响锚具质量,用分割施焊法。锚固必须牢固可靠。

3.径向张拉法

(1)预应力钢筋按设计位置安装,尽量挤紧连接套筒,沿四周每隔一定距离,用简单张拉法将钢筋拉离池壁至计算距离值的一半左右,填上垫板。用测力张拉器逐点调整张拉力至设计要求,再用可调撑垫顶住。为使各点离池壁的间隙基本一致,张拉时宜用多个张拉器同时张拉。

(2)逐环张拉点数由水池直径、张拉器能力和池壁局部应力等因素确定,点距一般不大于 1.5 m。预制壁板以一板一点为宜。

(3)张拉时,径张系数取控制应力的 10%,即粗钢筋不大于 120 MPa,高强钢丝束不大于 150 MPa,以提高预应力效果。

(4)张拉点应避开对焊接头,其距离不小于 10 倍的钢筋直径,不进行超张拉。

4.预应力钢筋喷水泥砂浆保护层

(1)喷浆应在水池满水试验合格后满水条件下尽快进行,以免钢丝暴露在大气中发生锈蚀。

(2)喷浆前,必须对受喷面进行除污、去油、清洗处理。

(3)喷浆机罐内压力宜为 0.5 MPa,供水压力应相适应。输料管长度不宜小于 10 m,管径不宜小于 25 mm。

(4)沿池壁四周方向自池身上端开始喷浆。喷口至受喷面距离应以回弹物较少、喷层密实为准。每次喷浆厚 15~20 mm,共喷三遍,总保护层厚不小于 40 mm。喷枪应与喷射面保持垂直。有障碍物时，其入射角不宜小于 15°，出浆量应稳定连续。

（5）喷浆宜在气温高于 15 ℃时进行，大风、冰冻、降雨或低温时不得喷浆。

**（四）砖石砌体水池**

按砖石砌体施工技术要求施工。池壁应分层卧砌，上下错缝，丁顺搭砌。池壁上不得留脚手洞，所有预埋件、预留孔均应在砌筑时一次做好。穿墙管道应有防渗措施。池壁与钢筋混凝土底板结合处，应加强转角抹灰厚度，使之呈圆角，防止渗漏。

*1. 砖砌水池（含预制混凝土砌块）*

（1）池壁与底板结合处底板表面应拉毛，同时铺砌一层湿润的砖，嵌入深度 2~3 cm。

（2）各层砖应上下错缝，内外搭砌，砂浆缝均匀饱满且一致。砂浆缝厚度为 8~12 mm，宜为 10 mm。圆形砌体，里口砂浆缝不得小于 5 mm。

（3）砂浆应满铺满挤，挤出的砂浆随时刮平，严禁用水冲浆灌缝，严禁用敲击砌体的方法纠偏。

*2. 料石砌体水池*

（1）池壁砌筑应分层卧砌，上下错缝，丁顺搭砌。水平缝用坐浆法、竖向缝用灌浆法砌筑。水平砂浆缝厚宜为 10 mm。竖直砂浆缝宽度：细料石、半细料石不宜大于 10 mm，粗料石不宜大于 20 mm。

（2）纠正料石砌筑位置偏差时，应将料石抬起，刮除砂浆后再砌，防止碰动临近已砌的料石。不得用撬移和敲击方法纠偏。

## 二、泵房

**（一）泵房土建施工及闸门井**

*1. 泵房常规施工*

（1）泵房的地下部分和水下部分均应按防水处理施工，其内壁、隔墙及底板不得渗水。穿墙管采用预制防水套管在施工中预埋就位，但不宜立即安装管线，应待泵房沉降稳定后安装，或在套管内安装管线时在管道上侧与套管间预留较大的沉降空隙，待沉降稳定后再做防水填塞。

（2）泵房地面严格按设计做出坡度以利排水。防止出现向电缆沟、管沟流水及地面积水。

（3）水泵和电机基础与底板混凝土不同时浇筑，其接触面按施工缝处理且在底板上预埋插筋。

（4）水泵和电机分装两个楼层时，各层楼板标高偏差允许值为 ±10 mm，安装电机和水泵的预留孔中心位置应在同一竖直线上，其相对偏差不得超过 5 mm。水泵与电动机基础施工的允许偏差应符合有关规定。

（5）水泵及电动机安装后，进行基座二次灌浆及地脚螺栓预留孔灌浆时，应符合下列条件：

①埋入混凝土部分的地脚螺栓应将油污清除干净。

②地脚螺栓的弯钩底端不得接触孔底，外缘离孔壁的距离不应小于 15 mm。

③浇筑厚度不小于 40 mm 时，宜采用细石混凝土浇筑；浇筑厚度小于 40 mm 时，宜用

水泥砂浆灌注。强度等级均应比基础混凝土设计强度提高一级。

④混凝土或砂浆达到设计强度的75%后,方可对称拧紧螺栓。

**2.大型轴流泵进、出口变径流道施工**

大型轴流泵现浇钢筋混凝土进、出口变径流道在泵房土建同时施工。支模和预制变径流道胎膜时,除预留抹灰量外尚应富余一定的预留量,以保证变径流道端面不小于设计规定。其内壁抹灰应从上到下进行,保证抹灰密实连续且表面光滑。

**3.闸门井**

(1)闸槽位置应安装准确。其安装允许偏差为:

轴线位置:5 mm,垂直度 $H/1\,000$ 且不大于20 mm;

闸槽间净距:±4 mm,闸槽扭曲(自身及两槽相对)2 mm;

底槛标高:±10 mm,底槛水平度3 mm,底槛平整度2 mm。

注意:$H$ 为闸槽高度,mm。

(2)闸槽定位。预埋件全部固定后再进行检查核对,合格后及时浇筑混凝土。

(3)闸门安装调试合格后,应在无水情况下进行全行程检验,滚轮应转动自如,升降无阻卡,止水带无缺损。

**4.混凝土螺旋泵槽**

(1)螺旋泵槽采用螺旋泵转动成型法。当螺旋泵基础及槽壁混凝土浇筑后,养护达到设计强度的75%以上时进行螺旋泵安装。

(2)校正螺旋泵安装的位置、角度,使其均达到设计要求后,进行螺旋泵空运行,一切正常后进行螺旋泵槽的成型施工。

(3)拆下螺旋泵连轴叶片,清理干净基础表面后,沿螺旋泵槽位置均匀摊铺细石混凝土,其厚度应能达到接触螺旋泵的叶片。

(4)重新装上螺旋泵叶片,通电使其转动,叶片将细石混凝土刮成泵槽型。经检查泵槽细石混凝土摊铺均匀,没有遗漏且成型良好,则取下螺旋泵叶片,对槽面进行人工压实抹光。

(5)压实抹光后应使槽面与螺旋泵叶片外缘的空隙一致,且不小于5 mm。

**(二)泵房沉井施工**

**1.砂垫层铺设及刃脚模板支架**

(1)当地基承载力不足时,沉井刃脚下应铺垫木,垫木下铺砂垫层。当地基承载力较大,沉井重量较小时,可直接铺垫木或采用土胎膜、砖模而不设砂垫层。

(2)砂垫层厚度为50~200 cm,应根据计算确定。

(3)砂垫层应为级配较好的中、粗砂,在周边刃脚的基槽内分层洒水夯实。

(4)刃脚支模。垫木支架适用于较大的沉井、较软弱的地基。垫木顶面应为同一水平面,其高差在10 mm 之内。垫木应垂直于井壁或对准圆心。砖座支架和土模施工适用于基础土质好、重量较轻的沉井。砖座支架沿周长分为6~8 段,中间均留20 mm 间隙,以便拆模。砖模和土模做刃脚模板其表面用1:3的水泥抹面找平。

**2.井壁支模及脚手架**

(1)当泵房井壁高度大于12 m 时,宜分段制作,在底段井筒下沉后继续加高井壁。

泵房壁模板的内外模均采用竖向分节支设,用对拉螺栓固定。有防渗要求的壁面,对拉螺栓应设止水板或止水环。

(2)第二段及其以上各段模板不得支撑在地面上,以免因模板自重增加产生新的沉降而使新浇混凝土发生裂缝。

(3)脚手架不允许与沉井连接在一起。脚手架在转角处以及内外脚手架在最高处必须连接成整体。

3.井壁浇筑混凝土

(1)将沉井分为若干段,同时对称均匀分层浇筑,每层厚30 cm。混凝土应一次连续浇筑完成,第一节混凝土强度达到设计强度的70%后方可浇筑第二节混凝土。

(2)井壁有防渗要求时。上下节井壁接缝应设置水平凸缝,或加止水带,凿毛冲洗后按施工缝处理。

(3)前一节下沉应为后一节混凝土浇筑工作预留0.5~1.0 m的高度,以便于操作。

4.沉井封底

1)排水封底

(1)沉井下沉至设计标高,不再继续下沉,排干沉井内存水并清除浮泥。

(2)井底修整成锅底形。由刃脚向中心挖排水沟并回填卵石作成滤水暗沟。在中部设集水井(深1~2 m),井间用盲沟相连并用滤管使井底水流汇集于集水井。用水泵排水使地下水位低于基底30 cm以下。

(3)先浇厚0.5~1.5 m的混凝土垫层,垫层混凝土达到设计强度的50%后绑扎钢筋,钢筋两端应伸入刃脚或凹槽里,再浇筑上层底板混凝土。

(4)混凝土应由四周向中央推进,每层厚30~50 cm,连续浇筑振捣密实。井内有隔墙时,应对称逐格浇筑。

(5)混凝土采用自然养护,养护期应继续抽水。

(6)底板混凝土强度达到设计强度的70%以上,且沉井满足抗浮要求,方可停止抽水,将集水井逐个封堵,补浇底板混凝土。

2)不排水封底

(1)井内水位不低于井外水位。

(2)整理沉井基底,清理浮泥,超挖部分先用30 cm左右的块石压平井底再铺砂,然后按设计铺设砂垫层。

(3)用导管法浇筑水下混凝土。每根导管浇筑前应具备首批浇筑混凝土的必须数量,使开始浇筑时能一次将导管底封住。水下混凝土应连续浇筑,保证导管埋入混凝土深度不小于规定要求。

(4)从低处开始向周围扩散浇筑,井内由隔墙应对称分格浇筑。

(5)各导管间混凝土浇筑面的平均上升速度不应小于0.25 m/h;相邻导管间混凝土的上升速度宜接近,终浇时混凝土面应略高于设计标高。

(6)水下封底混凝土强度达到设计规定,且沉井能满足抗浮要求时,方可将井内的水抽除。

### (三)机械设备安装及电器设备安装

**1.机械设备安装**

(1)设备安装工程应按设计要求和施工图施工。如需修改变更,应事先进行变更设计。

(2)设备安装工程中所安装的设备及用于重要部位的材料,必须有出厂合格证、产品说明书和理化试验报告。

(3)现场拼装的非标设备,拼装时还应缩小土建工程的误差,以满足工艺流程需要。

(4)设备安装应编写施工组织设计。施工组织设计的施工技术方案包括:主要设备的安装程序、技术工艺方案、质量要求及保证措施,安全技术措施,大型和复杂的设备安装还应编制起重机施工方案。

(5)设备安装工程中的灌浆、钢结构制造和装配、焊接、隔热、防腐、配管、附属电器装置及其配线以及砌筑工程或混凝土工程,应按国家及地方现行的相应标准、规范执行。

(6)对于设备安装工程,必须及时做好检验、记录和隐蔽工程的验收、签证,做好工序之间的交接验收,并加强工序质量控制。

(7)设备安装工程全部完毕后,应进行试车(试运转)并及时组织竣工初检和终检。

**2.电器设备安装**

电器设备安装除按上述"机械设备安装"所列的各项要求执行外,还必须特别注意以下事项:

(1)必须按现行的地方、部门或国家标准,对原材料和设备进行试验。各种原材料、设备必须具有出厂合格证和质量证明材料。

(2)安装使用的新材料、新技术,应经过试验和鉴定。

(3)运行电压在 500 V 以上的高压电器设备安装完毕、高压电缆终端头(或中间接头)制作完成后,连同高压电缆进行电器试验,试验合格方可投入运行。

各种机械设备和电器设备安装的技术要求及注意事项,请参阅有关标准及专业技术书籍,并必须遵守国家及地方、行业有关部门对安全技术、劳动保护、环境保护和消防等的有关规定。

# 第四节　给水管道及泵站工程

## 一、工程特点及一般要求

给水管道及泵站工程包括土方工程和管道设备安装工程。

土方工程是给水输配工程项目的第一道工序,对其后各工序有决定性影响,应根据地质情况、地下水位、地下其他管线设施情况等,选择沟槽形式和开挖方法,沟槽有直槽、梯形槽、联合沟槽等形式。开挖一般采用机械、风镐和人工清理结合等方式。成槽后对槽底进行处理形成管基,主要承载管道、回填土方的重量,以及地面上方其他荷载。回填时采用人工回填并分层夯实,以达到要求的密实度,防止路面塌陷。

土方施工前,施工单位必须参加建设单位组织的现场交桩。临时水准点、管道轴线控制桩、高程桩,应经复核后方可使用,并应定期校核。施工单位应会同建设等有关单位,核对管道路由、相关地下管线以及构筑物的资料,必要时局部开挖核实。施工前,建设单位应对施工区域内已有地上、地下障碍物,与有关单位协商处理完毕。在施工中,给水管道穿越其他市政设施时,应对市政设施采取保护措施,必要时应征得产权单位的同意。在地下水位较高的地区或雨期施工时,应采取降低水位或排水措施,及时清理沟内积水。

要做好施工现场的安全防护,在沿车行道、人行道施工时,必须在管沟沿线设置安全护栏,并设置明显的警示标志。在施工路段沿线,设置夜间警示灯。在繁华路段和城市主要道路施工时,宜采用封闭式施工方式。在交通不可中断的道路上施工,应有保证车辆、行人安全通行的措施,并应设有负责安全的人员。

管道设备是组成工程主体的主要部分,其质量对整体工程具有决定性的作用,因此需要在装卸、运输和存放中注意保护,防止损坏影响使用功能和使用年限,要严格按规范和设计要求进行核对、外观检查、质量保证资料的检查,必要时进行取样检测,合格后方可用于工程。

## 二、质量通病分析与预防

### (一)开槽埋管

#### 1.放坡沟槽

地形空旷、地下水位较低、土质较好、周围地下管线较少的条件下,可采用放坡或沟槽断面,俗称大开挖施工。

1)塌方、滑坡

开挖沟槽地处地下水位较高(离地表面 0.5~1.0 m)、表层以下为淤泥质黏土或夹砂的亚黏土时,其含水量高,压缩性大,抗剪能力低,并具有明显的流变特性。

(1)现象:明挖沟槽产生基底隆起、流砂、管涌、边坡滑移和坍陷等现象。严重的出现沟槽失稳现象。

(2)原因分析:①边坡稳定性计算不妥,边坡稳定性未按照土质性质,包括允许承载力、内摩擦角、孔隙水压力、渗透细数等进行计算。②边坡放量不足,坡面趋陡,施工时未按计算规定放坡。③沟槽土方量大,又未及时外运而放置在沟槽边,坡顶负重超载。④土体地下水位高,渗透量大,坡壁出现渗漏。⑤降水量大,沟槽开挖后,沟底排水不当,边坡受冲刷,沟槽浸水。沟槽开挖处遇有暗浜或流砂。

(3)预防措施:①应确保边坡稳定,放坡的坡度应根据土壤钻探地质报告,针对不同的土质、地下水位和开挖深度,做出不同的边坡设计。②检查实际操作是否按照设计坡度,自上而下逐步开挖,无论挖成斜坡或台阶形都需按设计坡度修正。③为防止雨水冲刷坡面,应在坡顶外侧开挖截水沟,或采取坡面保护措施。④在地下水位高,渗透量大以及流砂地区,需采取人工降水措施。一般用井点降水。⑤采用机械挖土时,应按设计断面留一层土采用人工修平,以防超挖。在开挖过程中,若出现地面裂缝,应立即采取有效措施,防止裂缝发展,确保安全。⑥减少地面荷载的影响。坡顶两侧需放置土方或材料时,应根据土质情况,限定放置位置和高度,一般至少距离坡边3~5 m,堆高不得大于1.5 m。⑦掌握气候条件,减少沟槽底部暴露时间,缩短施工作业面。

(4)治理方法:①对已滑坡或塌方的土体,可放宽坡面,将坡度改缓后,挖除塌落部分。②如坡脚部分塌方，可采取临时支护措施，挖除余土后，堆灌土草包或设挡板支撑。③坡顶有堆物时，应立即卸载。④加强沟槽明排水，采用导流沟和水泵将沟槽水引出。

2）槽底隆起或管涌

（1）现象：沟槽在开挖卸载过程中，槽底隆起；出现流砂或管涌现象。

（2）原因分析：①粉砂土或轻质亚黏土层在地下水位高的情况下，因施工挖土和抽水，造成地下水流动和随之而来的流砂现象。②沟槽开挖深度较大，沟槽边堆载过多；采用钢板桩支护时插入深度不足；基坑内外土体受力不平衡。

（3）预防措施：①施工前，对地下水位、底层情况、滞水层及承压层的水头情况做详细的调查，并制订相应的防范技术措施。②采用井点法人工降低地下水位，使软弱土得到固结，形成抵御管涌和隆起的强度。③减少地面超载或交通动载的影响。④经过计算的钢板桩插入深度和结构刚度，应超过槽外土体滑裂面的深度和侧向压力，并达到切断渗流层的作用。⑤开挖过程中支护作业都要严格按施工技术规范进行。⑥掌握气候条件，减少沟槽底部暴露时间，尽量缩短施工作业面。⑦采取措施防止因临近管道的渗漏而引起的支护坍塌。

（4）治理方法：①当发生管涌时应停止继续挖土，尽快回填土或砂，待落实降低地下水位、沟槽下部土体的加固等技术措施后再进行挖土。必要时可以加水压底，但应解决抽水带来的不利影响。②一旦发生隆起，必然产生滑坡、支护破坏，甚至已铺设管道不同程度的损坏。因此，必须确定补救方案，原则上进行卸载、整理和恢复支护、重建降水系统，并对槽底加固处理，而后继续挖土；对受损结构，视程度另行处理。

2.支护沟槽

在土质较差的地区，挖土深度超过1.2 m时，就应开始支撑。开挖深度在3 m以内的沟槽，可采用横列板支护；如土质较差，开挖深度大于3 m的沟槽，宜采用钢板桩支护；如土质较差，含水量高，粉砂地区以及邻近有建筑物、地下管线或河道旁等特殊地区开挖沟槽时，还需采取树根桩支护、地层注浆或高压旋喷桩、深层搅拌桩等加固支护措施。

横列板、钢板桩支护失稳：

（1）现象：因支护失稳出现土体塌落、支撑破坏，两侧地面开裂、沉陷。

（2）原因分析：①支撑不及时，支撑位置不妥造成支撑受力不均，以及支护入土深度不足，导致支护结构失稳破坏。②未采取降水措施或井点降水措施失效，引起流砂或管涌，致使支护结构失稳破坏。③支撑结构刚度不够，槽壁侧向压力过大。

（3）预防措施：①根据沟槽土层的特性，确定钢板桩、支护竖板的插入深度和支护结构的刚度。深度应超过槽外土体滑裂造成的测向压力面，并达到切断渗流层的作用。②在建筑物或河道等地区开挖沟槽，除加深钢板桩入土深度外，还需在沟槽外侧采取加固支护措施。③选用合适的支护设备保证支护结构的刚度。④横列板应水平放置，板缝严密，板头齐整，深度直到沟槽碎石基础面，制成完毕后，操作人员应经常核对沟槽中心线和现有净宽。⑤开挖过程中支护的作业都要严格按施工技术规程进行。

（4）治理方法：①沟槽支撑轻度变形引起沟槽壁厚土体沉陷≤50 mm，地表尚未裂缝和明显塌陷范围时，一般用加高头道支护，并继续绞紧各道支护即可。②沟槽支撑中等变形引起沟槽壁后土体沉陷50～100 mm，地表出现裂缝，地面沉陷明显时，应加密支撑，并检查横列板或钢板桩之间裂缝有无渗泥现象,发生渗泥现象可用草包填塞堵漏。③沟槽支撑严重变形,沟槽两侧地面沉降>100 mm,地表裂缝>30 mm,地面沉陷范围扩大,导致支护结构内倾,支撑断裂,造成塌方时,应立即采取沟槽回灌水,防止事态扩大。沟槽倾覆必须进行回填土,拔除变形板桩,然后重新施打钢板桩,采取井点降水或修复井点系统后再按开挖支撑程序施工。④沟槽支撑破坏已造成建筑物深陷开裂或地下管线破坏等情况时,应及时对沟槽进行回灌水和回填土,然后在沟槽外侧2~5 m处采用树根桩或深层搅拌桩、地层注浆等加固措施,形成隔水帷幕,再按上述第③点返工修复沟槽。

**(二) 管道铺设**

**1. 管道基础处理不当**

(1) 现象:沟槽土基超挖、扰动。

(2) 原因分析:高程控制有误或机械开挖控制不当,超挖。

(3) 预防措施:①干槽超挖15 cm以内,可用原土回填压实,压实度不低于原天然地基。②干槽超挖大于15 cm且小于100 cm可用石灰土分层压实,其相对密度不应低于95%。③槽底有地下水或地基含水量大,扰动深度小于80 cm时,可满槽挤入大块石,块石间用级配砂砾填严,块石挤入深度不应小于扰动深度的80%。④槽底无地下水的松软地基,局部回填的坑、穴、井或挖掉的局部坚硬地基(老房基、桥基等)可先将其挖除,然后用天然级配砂石、白灰土或可压实的粘砂、砂粘类土分层压实回填,压实度不应小于95%,处理深度不宜大于100 cm。⑤沟槽开挖局部遇有粉砂、细砂、亚砂及薄层砂质黏土,由于排水不利,发生地基扰动,深度在80~200 cm时,可采用群桩处理。群桩可由砂桩、木桩、钢筋混凝土桩构成,桩长应比扰动深度长80~100 cm。当地基扰动深度大于200 cm时,可采用长桩处理,桩可用木桩、混凝土灌注桩或钢筋混凝土预制桩等构成承台基础处理。

**2. 沿曲线安装时**

(1) 现象:接口转角超标。

(2) 原因分析:安装控制不当。

(3) 预防措施:安装时承插口间留有纵向间隙供管道安装时温度变化产生变形的调节量。刚性接口的管材承口内径及插口端外径都有公差,排管时应注意组合,尽量使环向间隙均匀一致。当内填料采用橡胶圈时,橡胶圈的最低压缩率为34%,最高压缩率为50%,前者是保证橡胶圈止水效果的最低条件,后者是保证人工打入橡胶圈的施工上限值,组装时可根据上述压缩率范围调节环向间隙。

刚性接口的允许转角是以发生转角后,接口的环向间隙尚能保证最薄(7 mm)的打口工具进入间隙内正常操作的原则确定的。

# 第五节　市政排水工程造价控制与管理

在众多的市政工程中,给水排水工程的作用十分重要,可以解决国家、企业及国民用水供给与废水排放问题,与人们的生活息息相关。在给水排水工程中,造价控制是确保工程经济与社会效益的重要方法,是提升工程综合效益的一种重要措施。对工程造价进行科学、合理的管控,有利于工程建设的优化,更有利于降低施工成本。

## 一、市政给水排水工程造价管理与控制中的问题

### (一)对工程造价控制管理的认识和重视不足

市政给水排水工程当中,施工准备环节的工作造价控制投入只占小部分,但是也同样会给工程造价带来巨大的影响。可现如今我国的大部分市政工程都偏重于事后的核算工作,根本未真正地重视起工程准备阶段的造价控制,导致工程造价失去控制,给工程施工质量产生影响。许多问题都是在施工或者是结束施工之后才得以发现的,根本无法及时地控制工程造价。

### (二)编制人员的业务能力不强,对相关政策缺乏理解

市政给水排水工程概预算的编制工作对业务人员的专业知识和经验都有很高的要求,必须具备相应的业务能力才能确保概预算编制工作高质量地完成。编制人员需要掌握给水排水工程设计理论知识、了解给水排水工程特点、理解工程设计的意图,做好设计图纸及相关数据的核对工作。从目前数据情况看,部分单位对概预算编制的重要性以及流程没有充分的认识,缺乏对编制人员相应的专业知识和系统培训,老带新的工作效果不明显,具体体现在工程量计算及定额使用不准确,出现概预算费用与实际投资额相差过大的情况,影响资金的使用效率和工程进展。

### (三)施工阶段及竣工的管控不严

项目施工中,各部门监管力度不够,施工现场随意签证,管理人员责任意识不高,缺乏良好的工程造价管理经验,施工与竣工时期经常出现各种争议与索赔问题。工程竣工阶段,未进行科学的验收,对给水排水工程项目带来不良影响。

## 二、各阶段市政给水排水工程造价控制与管理的举措

### (一)决策阶段

工程招标是造价控制的初始时期,造价控制的实质性环节是工程实施阶段,造价投入比例最高的环节就是施工环节,所以长时间以来,每一个单位都非常重视施工环节的造价控制与管理,忽略其他环节的造价管理。从实际情况出发,工程质量与工程造价的关键影响因素与工程决策有很大的关系。工程决策是否合理科学,所指定的方案是否经济可行成为后续工作是否顺利展开的基础。市政给水排水工程决策环节的造价控制管理,要重视做好下面几个方面的工作:第一,总体对建设环境进行评估,选择建设地点路面路线时要尽量地保持在平坦而且土石工程量小,从而节约施工时间和减少步骤,有效节约施工成本。第二,衡量建设条件,选择地质条件好、水文条件优的施工线路,减少地基处理的工程量,降低施工造价成本。第三,合理处理土石方,针对施工当中产生的土石方,处理时要按照提高土石方利用率的原则,通过用开挖的土石方展开清理。因此,市政给水排水决策环节的造价控制与管理非常关键❶。

---

❶　蒋志良.供热工程[M].北京:中国建筑工业出版社,2005.

## (二)加强市政给水排水工程施工图设计阶段的预算控制

施工图设计阶段的预算处于整个工程造价的关键阶段,对后续的造价控制起着至关重要的作用。实际编制过程中,将施工图预算和施工预算进行有效的对比分析,根据发现的问题找出差距并采取必要的措施,是施工图设计阶段的预算不突破设计概算的有力保证,所以说客观准确的施工图预算是投资控制的依据。与此同时,施工图预算还是有关仲裁、管理、司法机关按照法律程序处理、解决问题的依据。在这一阶段首先要求编制人员认真理解设计意图,根据设计文件和图纸仔细排查施工材料,准确计算工程量,避免重复和漏计,针对结构复杂的新工艺等,需要与设计人员研究讨论后由后者计算工程量,并将其作为编制概预算的依据。

此外,编制工作负责人组织研讨并合理修正预算编制内容,同时对预算编制质量进行检查,特别要考虑到对临时施工和辅助施工所带来的工程量增加,保证施工图设计阶段预算编制的准确性。

## (三)市政给水排水工程项目招标投标阶段造价控制

选择一个优秀的投标企业,就需要遵照高质低价的原则。一定要在有限的预算范围当中,选择出市场当中具备较高声誉的单位,此投标单位具有非常良好的形象,报价也不高。在招标投标的过程中,科学合理地控制好工程造价,针对投标企业的综合实力以及专业的素质展开科学的评估,促使投标工作透明度不断增长,坚持公平、公正、公开的原则,选择具备高素质、预算低的投标企业,保证招标单位以及投标单位两者之间的利益平衡。在展开招标工作之前,要先对评标的工作人员展开培训,从而进一步地提高工作人员的能力,确定合理的规则,良好地吸引投标企业进入,将施工内容的清单下发给投标方,尽量在最少的时间里选择出最好的投标方,进而可以让投标方能够在最短的时间里投入到之后的施工工作当中去。

## (四)工程施工要点

对于施工阶段的造价控制和管理,管理人员要认真核实施工单位所填写的签证,检查现场资料是否完整,加强施工现场的监管。另外,设计变更是市政给水排水工程建设中常见的现象之一,也是经济纠纷产生和引发质量问题的主要原因。在施工阶段,加强工程造价管理和控制,降低设计变更所带来的经济损失,就应当加大对工程变更的管理,将其尽可能地提前,或者在权衡变更前后的利弊后再决定是否变更工程设计。

## (五)验收阶段

市政给水排水工程项目当中,完善验收环节的造价控制与管理具体包含下面几个方面的内容:第一,认真将施工资料的整理工作做到位。总结、归纳好市政给水排水工程实施环节的技术资料、资金账目等内容,尤为关注施工变更资料的准确完善。第二,严谨仔细地把市政给水排水工程项目当中多项费用的结算工作做到位。与工程项目中的各项施工资料紧紧联系起来,并且更加合理地把人工费、施工材料费以及施工机械设备的费用投入到工程项目中去。第三,一定要仔细地将市政给水排水工程项目的索赔工作做到位。面对工程项目当中产生的索赔项目与金额,详细认真地核对检查,一定要严格根据合同的内容以及签订的协议来支付所需要赔付的金额。

综上所述,市政给水排水工程是一项利国利民的公益性事业,其能否顺利建设会对居民的正常工作与生活产生十分重要的影响。市政给水排水工程建设的过程中会涉及非常多的内容,属于较为系统的一个工程,要全面对市政给水排水工程进行管理。作为造价工作人员,就需要利用多种有效的手段来完善工程造价,最大程度上提高投资的效益,这样一来,为更多的公民带来更大的福利。

# 第六章 市政桥涵工程施工技术

## 第一节 桥梁的组成及其类型

桥梁是技术比较复杂和施工难度比较大的土木工程建筑,在公路建设中通常称为构造物,设计和施工都有其特殊的规定和要求,为适应各方面管理的需要,下面对桥梁的组成及分类进行简要的介绍。

### 一、桥梁主要组成

(1)上部结构是指承重结构和桥面体系(桥面铺装、人行道、栏杆、排水设施、防撞护栏、伸缩缝等)。由于桥梁有梁式、拱式等不同的基本结构体系,故其承重结构的组成各不相同。承重结构主要指梁和拱圈及其组合体系部分,它是在路线中断时跨越障碍的承载结构。桥面铺装包括混凝土三角垫层、防水混凝土或沥青混凝土面层、泄水管和伸缩缝等。当拱桥且拱上有土石填料时,还应包括与路线同样的路面结构的垫层和基层。人行道包括人行道板和缘石或安全带,以及栏杆扶手等。高等级公路上的桥梁,如设有防撞护栏,也属上部构造范围。

(2)桥梁的下部工程包括桥台和桥墩或索塔,它是支撑桥跨结构并将恒载和车辆等活载传至基础的构筑物。

(3)基础是将桥梁墩、台所承受的各种荷载传递到地基上的结构物,是确保桥梁安全使用的关键部位,有扩大基础、桩基础和沉井基础等不同的结构形式。随着桥梁技术的不断发展,一些新的基础形式也逐渐在桥梁工程中得到应用。

(4)调治构造物是指为引导和改变水流方向,使水流平顺通过桥孔并减缓水流对桥位附近河床、河岸的冲刷而修建的水工构造物。如桥台的锥形护坡、台前护坡、导流堤、护岸墙、丁坝、顺坝等,对保证河道流水顺畅和防止破坏生态环境有着极其重要的作用。

(5)桥台后附属工程,如引道、拱桥的台后构筑物等。

### 二、桥梁分类

#### (一)按建设规模大小分类

桥梁主要是以桥的长度和跨径的大小作为划分依据,分为特大桥、大桥、中桥、小桥,划分标准见《公路桥涵设计通用规范》(JTG D60—2015)。

#### (二)按桥梁结构类型分类

桥梁上部构造形式,虽多种多样,但按其受力构件,总离不开弯、压和拉三种基本受力方式。由基本构件所组成的各种结构物,在力学上可归纳为梁式、拱式、悬吊式三种基本体系,以及它们之间的各种组合。

（1）梁式桥是一种在竖向荷载作用下无水平反力的结构，其主要承重构件是梁，由于外力的作用方向与梁的轴线趋近于垂直，因此外力对主梁的弯折破坏作用特别大，故属于受弯构件。它与同样跨径的其他结构体系相比，梁内产生的弯矩最大，所以需要用抗弯能力较强的钢筋混凝土或预应力钢筋混凝土等材料来修建。梁式桥按其受力特点，可分为简支梁、连续梁和悬臂梁。若就其构造形式而言，则有矩形板、空心板、T形梁、工形梁、箱形梁、桁架梁等。其中，T形梁和工形梁又称为肋形梁。目前，在工程建设中应用较广的是钢筋混凝土和预应力钢筋混凝土简支梁和连续梁❶。

（2）拱式桥的主要承重结构是拱圈或拱肋，在竖向荷载作用下，拱的支承处会产生水平推力。由于水平推力的作用，荷载在拱圈或拱肋内所产生的弯矩比同跨径的梁要小得多，而拱圈或拱肋主要是承受轴向压力，故属于受压构件。因此，通常利用抗压性能较好的圬工和钢筋混凝土等建筑材料来修建。同时应当注意，为了确保拱桥能安全使用，下部结构和地基必须能经受住很大水平推力的作用。

（3）钢架桥的主要承重结构是梁或板和立柱或竖墙整体在一起的钢架结构，梁和柱的连接处具有很大的刚性。在竖向荷载作用下，梁部主要受弯，而在柱脚处也具有水平反力，其受力状态介于桥梁和拱桥之间。因此，对于同样跨径且在相同荷载作用下，钢架桥的跨中正弯矩要比一般梁桥小，相应地，其跨中的建筑高度就可以做得较矮。钢架桥的缺点是施工比较困难，且梁柱钢结处容易开裂。目前，在公路桥梁中属于钢架结构体系采用较多的桥型有T形钢构桥、连续钢构桥及钢构连续组合梁桥等。

（4）悬索桥又称吊桥，桥梁的主要承重结构由桥塔和悬挂在塔上的缆索及吊索、加劲梁和锚碇结构组成。荷载由加劲梁承受，并通过吊索将其传至主缆。主缆是主要承重结构，但其仅承受拉力。这种桥型充分发挥了高强钢缆的抗拉性能，使其结构自重较轻，能以较小的建筑高度跨越其他任何桥型无法比拟的特大跨度，是目前单跨超过千米的唯一桥型。

（5）根据结构受力特点，由几个不同体系的结构组合而成的桥梁称为组合体系桥。其实质不外乎利用梁、拱、吊三者的不同组合，上吊下撑以形成新的结构。组合体系桥一般均可采用钢筋混凝土来建造。对于大跨径桥梁以采用预应力钢筋混凝土或钢结构修建为宜。一般来讲，这种桥梁的施工工艺比较复杂。斜拉桥就是一种有代表性而又广泛应用的组合体系桥。

**（三）按用途分类**

桥梁按用途分为公路桥、铁路桥、公路铁路两用桥、城市桥、渡水桥、人行天桥和马桥，以及其他专用桥梁等。

**（四）按承重结构所用建筑材料分类**

桥梁按承重结构所用建筑材料分为钢筋混凝土、预应力钢筋混凝土桥、钢桥和木桥等。

**（五）按跨越障碍物的性质分类**

桥梁按跨越障碍物的性质分为跨河桥、跨线桥和高架桥等。高架桥一般是指跨越深

---

❶ 贺少辉.地下工程[M].北京:清华大学出版社,北京交通大学出版社,2006.

沟峡谷以代替高填路堤的桥梁或在大城市中的原有道路之上另行修建快速车行道的桥梁,以解决交通拥挤的矛盾。

### (六) 按上部结构行车道的位置分类

桥梁按上部结构行车道的位置分为上承式、下承式和中承式三种。桥面布置在主要承重结构之上的为上承式桥;桥面布置在承重结构之下的为下承式桥;桥面布置在桥跨结构高度中间的称为中承式桥。除以上固定式桥梁外,有时根据建设环境和使用要求,还有开合桥、浮桥和漫水桥等形式的桥梁。

# 第二节　桥梁施工组织设计

## 一、桥梁施工组织设计的重要性和作用

建造一座桥梁特别是大型桥梁工程,投资额非常大。根据桥梁工程在规划、工程可行性研究、勘测设计和施工等阶段的投资分配情况可知,施工要占总投资的 60% 以上,远高于其他阶段投资的总和。因此,施工阶段是桥梁建设中极其重要的一个阶段,认真地编制好施工组织设计,对于保证施工的顺利进行,实现预期的目标和效果,都具有重要的意义。

与其他工业产品的生产一样,桥梁工程的施工也是按要求投入各项生产要素,并通过一定的生产过程,最终生产出成品。施工企业经营管理的目标是要实现少投入、多产出,以达到低成本、高效益的效果。为了实现这个目标,就要对施工中的计划、组织,以及控制投入、产出的过程进行全面管理,而管理的基础和依据就是科学的施工组织设计,即按照合同文件所规定的工期和质量要求,遵循技术先进、经济合理、少耗资源的原则,拟订周密的施工准备工作计划,确定合理的施工程序和施工方法,科学地投入人才、技术、材料、机具和资金,来达到进度快、质量好和成本低的三大目标。因此,施工组织设计是实现企业经营目标,统筹安排施工企业生产的投入、产出过程的关键。

经营管理素质和经营管理水平是企业经营管理的两大基础,是施工企业现代化管理中不可缺少的两个部分,也是实现企业经营管理目标的保证。一个施工企业经营管理素质和水平的好坏可在施工组织设计的编制、贯彻、检查和调整的全过程中得到充分的体现。施工组织设计的水平高,则反映出施工企业经营管理的素质和水平较高,反之亦然。所以,施工组织设计的水平如何,对能否实现企业经营管理目标起着重要的作用。

从桥梁工程的施工特点可知,不同的桥梁有不同的施工方法,即使是同一桥型,由于建造地点和施工单位的不同,所采用的施工方法也不尽相同,所以对不同的桥梁工程,应编制不同的施工组织设计。这样就必须详细研究工程的特点、地区的环境和施工的条件,从施工的全局和技术经济的角度出发,遵循施工工艺的要求,合理地安排施工过程的空间布置和时间排列,科学地组织物资的供应和消耗,把施工中的各单位、各部门及各施工阶段之间的关系更好地协调起来。因此,需要在桥梁工程开工之前进行统一部署,并通过施工组织设计科学地表达出来。

## 二、桥梁施工组织设计的分类和内容

### (一)桥梁施工组织设计的分类

对施工组织设计有着各种各样的分类方法,有的按设计阶段的不同进行分类,也有的按工程项目实施阶段的不同进行划分,还有的按编制对象范围不同分类,或按工程项目的规模和特点来进行分类❶。分类方法划分得很详细,对于研究施工组织的理论以及详细说明施工组织设计的类型是有好处的,但却不一定实用,因为从实用的观点来看,过细的划分反而会使人无所适从。根据当前桥梁工程的基本建设程序,在设计、招标投标和施工等几个阶段都需要有施工组织设计,只不过编制的形式和深度不尽相同。

设计阶段所编制的施工组织设计,严格来说是不完整的,充其量只能是一个非常粗略的初步施工方案。其编制的目的之一是结构的设计计算,需要确定桥梁工程施工的方法和程序。这是因为现代桥梁的设计计算,基本上都与拟采用的施工方法密切相关。即使是同一类型的桥梁,采用不同的施工方法就有不同的设计计算方法,因此需要先确定施工方案和施工程序。另一个目的是编制设计概算,需要根据施工方案及相应的定额来确定人工工日、机械台班和材料的数量等。

### (二)桥梁施工组织设计的内容

(1)总体施工组织设计的内容:①编制说明。②编制依据。③工程概况。④施工准备工作总计划。⑤主要工程项目的施工方案。⑥施工总进度计划。⑦资源配置计划。⑧资金供应计划。⑨施工总平面图设计。⑩施工管理机构及劳动力组织。⑪技术、质量、安全组织及保证措施。⑫文明施工和环境保护措施。⑬各项技术经济指标。⑭结束语。

(2)单位工程施工组织设计的内容:①编制说明。②编制依据。③工程概况。④施工方案选择。⑤施工准备工作计划。⑥施工进度计划。⑦各项资源需要量计划。⑧施工平面图设计。⑨质量、安全的技术组织保证措施。⑩文明施工和环境保护措施。⑪地下和地面管线保护方案。⑫交通组织方案。⑬主要技术经济指标。⑭结束语。

(3)分部分项工程施工组织设计的内容:①编制说明。②编制依据。③工程概况。④施工方法的选择。⑤施工准备工作计划。⑥施工进度计划。⑦动力、材料和机具等需要量计划。⑧质量、安全、环保等技术组织保证措施。⑨作业区施工平面布置图设计。⑩专项施工方案,如支架模板、预制构件安装、桥梁基础深基坑、预应力张拉等。⑪结束语。

## 三、桥梁施工组织设计的编制

桥梁工程中标后,在开工之前,施工单位必须编制施工组织设计。工程实行总承包并有分包的,由总承包单位负责编制总体施工组织设计,分包单位则负责编制其分包工程的施工组织设计。施工组织设计应根据合同工期及有关的规定进行编制,并且要广泛征求各协作施工单位的意见,以求更加合理和切合实际。

---

❶ 崔京浩.地下工程与城市防灾[M].北京:中国水利水电出版社,知识产权出版社,2007.

**(一)编制桥梁施工组织设计的基本原则**

(1)必须严格执行基本建设的程序。

(2)应科学地安排施工顺序。要重点突出控制工期的工程项目,做到保证重点,统筹安排。

(3)尽可能采用流水施工方法和网络计划技术,制订出最合理的施工组织方案,以进行有节奏、均衡、连续的施工。

(4)落实季节性施工的措施,科学合理地安排冬雨季施工项目,确保全年能连续施工。

(5)在条件允许的前提下,尽量采用施工的新技术、新工艺、新材料和新设备。

(6)提出确保工程质量的技术措施和安全措施,当采用新技术、新工艺时更应高度重视。

(7)在满足施工需要的前提下,尽量减小临时设施的规模,合理储备物资,减少物资运输量;合理布置施工平面,减少用地,以节约各项费用,降低工程成本,提高经济效益。

(8)遵循国家环境保护的有关法规,制订必要的措施,做到文明施工,减少或降低施工中对环境的污染。

**(二)城市桥梁施工组织设计要点**

应依据招标投标文件,施工合同,设计文件及有关规范,在深入调查的基础上,根据工程特点、本企业具体条件,抓住主要环节,编制施工组织设计。

施工组织设计一般包括以下内容:编制说明,编制依据,工程概况和特点,施工准备工作,施工方案(含专项安全方案),施工进度计划,工料机需要量及进场计划,资金供应计划,施工平面图设计,施工管理机构及劳动力组织,季节性施工的技术组织保证措施,质量计划,有关交通、航运安排,公用事业管线保护方案,安全措施,文明施工和环境保护措施,技术经济指标等,其中质量计划按 ISO9000 标准执行。

施工方案是施工组织设计的核心部分,主要包括施工方法的确定、施工机具的选择、施工顺序的确定等方面的内容。

施工方法是施工方案中的关键问题,它直接影响施工进度、质量、安全和工程成本。确定施工方法应注意突出重点。对于下列情况:①工程量大,在整个工程中占重要地位的分部分项工程。②施工技术复杂的项目。③采用的新技术、新工艺对工程质量起关键作用的项目。④不熟悉的特殊结构或工人在操作上不够熟练的工序。在确定施工方法时,应详细而具体,不仅要拟订出操作过程和方法,还应提出质量要求和技术措施,必要时应单独编制施工作业计划和专项施工方案并请专家组评审完善后确定。

施工方法的确定往往取决于施工机械。因此,对施工机械的选择与施工方法的确定进行综合考虑是必要的。施工机械选择的一般思路为:根据工程特点和自有机械,选择适宜的主导和配套施工机械,不能满足施工要求时,再考虑租赁或购买。要尽可能选择通用的标准机械。

桥梁工程在确定施工顺序时,应考虑当地水文、地质和气候的影响,满足施工的质量、安全、程序、工艺、组织要求,使之与施工方法和施工机械相协调。应尽量安排流水或部分流水作业,以充分发挥劳动力和机具的效率,使工期最短。

施工进度计划编制的一般步骤为:①确定施工过程。②计算工程量。③确定劳动量和机械台班数。④确定各施工过程的作业天数。⑤编制施工进度计划。⑥编制主要工种劳动力需要量计划及施工机械、辅材、主材、构件、加工品等的需用量计划。

施工平面图是施工组织设计的重要组成部分,绘制比例为1:500~1:2 000。施工平面图的设计步骤为:①收集分析研究原始资料。②确定搅拌站、仓库和材料、构件堆场的位置及尺寸。③布置运输道路。④布置生产、生活用临时设施。⑤布置临时给水排水、用电管网。⑥布置安全、消防设施。

**(三)编制桥梁施工组织设计的一般程序**

编制桥梁施工组织设计时,除应采用正确合理的编制方法外,还要按照施工的客观规律,采用科学的编制程序,协调处理好各种影响因素的关系,同时必须注意有关信息的反馈。编制桥梁施工组织设计的一般程序为:①研究分析合同文件和设计文件,进行必要的调查研究。②计算工程数量。③选择施工方案,确定施工方法。④编制施工进度计划。⑤计算人工、材料和机具设备等资源的需要量,并制订供应计划。⑥确定临时工程、供水、供电和供热计划。⑦工地运输组织。⑧施工平面图设计。⑨确定施工组织管理机构。⑩编制技术措施计划。⑪编制质量、安全、环保和文明施工措施计划。⑫计算主要技术经济指标。⑬编写说明书。

# 四、其他

**(一)施工现场地下管线保护措施**

导致管线损坏的原因大致可归纳为土体位移或变形使管线变形超过极限值或受力过大,应力超过强度极限而发生破坏。因此,施工中对管线的保护也是从这两个方面采取相应措施。保护地下管线的方法,实际中如何取用,要视具体的管线性质、管线埋深、走向和工程的类型、规模、施工工艺以及地质地形等现场条件而定,同时还要考虑费用、工期长短等因素。在选用保护措施时,尽可能结合建筑物的保护及基坑边坡保护一同考虑,以降低保护费用。

1.地下管线损坏原因

在工程施工中,地下管线损坏常表现为接头部位松动、错位、脱节和整体断裂等形式,导致损坏的原因大致有以下几个方面:

(1)管线不明。施工之前未经调查,或因下列因素未能查明管线现状,在施工中未采取任何保护措施,致使管线损坏。这些因素是:①管线年代久远,无资料记载;②人员调迁,新来人员不了解情况;③形似废弃管线,实为在用管线;④保密电缆,一般图纸上不标明;⑤现场施工管线与设计管线不符,但交工时未按实际绘竣工图。

线路不明造成的事故大多比较严重。一般情况下,这种事故可以通过先进行物探或挖洞查明管线后再采取相应保护措施来避免。然而进行物探和挖洞需要一定的费用和时间,施工单位一般都不会也不愿意做此项工作。

(2)土体挤压导致管线损坏。打桩、压桩、顶管等施工会对周围土体产生挤压,一些临近施工区域年代早、管材强度弱、接头不牢固的管线在土体挤压下易损坏。

(3)土体变形引起管线损坏。基坑开挖、边坡失稳或流沙现象等会引起较大的土体变形。当变形量超过管线变形极限时,就会发生管线损坏。

(4)不均匀沉降,荷载过大造成管线损坏。顶管、盾构、井点降水和沉井下沉等施工过程中均可产生土体不均匀沉降,顶管还可能引起地面隆起,当不均匀沉降或隆起值较大时,可致使管线断裂或接头错位。管线上部荷载过大,如大型施工机械、车辆、材料、土堆等荷载,将下部管线压坏。

(5)气候因素。施工开挖,地下管线暴露后,遇冬天气温骤降,管易冻裂。

(6)其他因素。保护管线的临时支撑拆除后,管线下部回填土不密实或回填不当,导致管线损坏。振动荷载引起管线接头松动,如打桩、振捣、施工机具等产生的振动冲击荷载传至管线上,使管线受到损坏。

水流冲击。施工排水或附近上、下水管漏水,水流冲刷土体,使土体流失,埋于土中的管线失去土体支撑而损坏。

原建已损坏的自来水管、下水管,存在漏水现象,但平时埋在地下未发觉,待施工开挖后发现,并使势态扩大。

2.地下管线保护措施

(1)隔离法。通过钢板桩、树根桩、深层搅拌桩等形成隔离体,限制地下管线周围的土体位移、挤压或振动管线。这种方法适合管线埋深较大而又临近桩基础或基坑的情况。对于管线埋深不大的也可采用隔离槽方法,隔离槽可挖在施工部位与管线之间,也可在管线部位挖,即将管线挖出悬空。隔离槽一定要挖深至管线底部以下,才能起到隔断挤压力和振动力的作用。

(2)悬吊法。一些暴露于基坑内的管线,或因土体可能产生较大位移而用隔离法将管线挖出的,中间不宜设支撑,可用悬吊法固定管线。要注意吊索的变形伸长以及吊索固定点位置应不受土体变形的影响。悬吊法中,管线受力、位移明确,并可以通过吊索不断调整管线的位移和受力点。

(3)支撑法。对于土体可能产生较大沉降而造成管线悬空的,可沿线设置若干支撑点支撑管线。支撑体可考虑是临时的,如打设支撑桩、砖支墩等;也可以是永久性的。对于前者,设置时要考虑拆除时的方便和安全;对于后者一般结合永久性建筑物进行。

(4)土体加固法。顶管、沉井施工中,可能由于土体超挖和坍塌而导致地面沉降和土体位移的,可以采取注浆加固土体的方法。一是施工前对地下管线与施工区之间的土体进行注浆加固;二是施工结束后对管壁或井壁松散土和空隙进行注浆充填加固。此外,在砂性土层,且地下水位又较高的环境中开挖施工时,为防止流沙发生,也可用井点降水方法。

(5)选择合理施工工艺。基坑开挖、地下连续墙施工可采用分段开挖、分段施工的方法,使管线每次只暴露局部长度,施工完一段后再进行另一段,或分段间隔施工。对于桩基工程,可以合理安排打桩顺序,如临近管线的桩先打,退着往远离管线的方向打桩,以减少对管线的挤压,还可考虑调整打桩速率的方法,如打打停停,可减少土中的空隙水压力,或者打桩区四周设排水砂井、塑料排水板,使孔隙水压力很快消失,减少挤土效应。顶管工程施工,对临近管线区域,可以放慢顶进速率,做到勤顶勤挖,减少对土体的挤压力,顶头穿过管线区后,勤压膨润土,以充填顶头切削造成的管壁外间隙,减少地面沉降。有些地下工程还可采用逆作法施工保护管线,对管线可起固定作用的部位先施工并加跑龙套,再施工其他部位。基坑回填时分层夯实,钢板桩拔除时及时用砂充填空隙并在水中振捣密实,尽量缩短管线受影响区的施工时间等。

(6)对管线进行搬迁、加固处理。对便于改道搬迁,且费用不大的管线,可以在基础工程施工之前先行临时搬迁改道,或者通过改善、加固原管线材料、接头方式,设置伸缩节等措施,增大管线的抗变形能力,以确保土体位移时也不失去使用功能。

(7)卸载保护。施工期间,卸去管线周围尤其是上部的荷载、或通过设置卸荷板等方式,使作用在管线上及周围土体上的荷载减弱,以减少土体的变形和管线的受力,达到保护管线的目的。

(8)不保护方式。对一些不明无主管线,估计破坏后不会造成重大损失或影响,或经与有关部门联系,可暂停使用的管线,可采用不保护方式,进行突击施工,在几小时或几天施工完后再恢复管线使用功能。

以上各种保护地下管线的方法,实际中如何取用,要视具体的管线性质(管线使用功能、管材、接头构造、基础形式、管径、管节长度以及管内压力等)、管线埋深、走向和工程的类型、规模、施工工艺以及地质地形等现场条件而定,同时还要考虑费用、工期长短等因素。在选用保护措施时尽可能结合对建筑物的保护及基坑边坡保护一同考虑,以降低保护费用。

**(二)交通组织方案**

随着交通需求的不断增加,一些公路出现了拥挤现象,过度的交通压力使道路出现严重破损,影响了公路"安全、经济、快速"等积极作用的发挥,老路亟待进行加宽改造,新的公路桥梁需要构架。而这些工程能否顺利实施,取决于改扩建期间的交通组织方案,良好的交通组织方案能够保证改扩建期间道路交通的通畅和安全。

1.道路交通组织形式

工程的交通组织方案,主要是指工程路段的交通组织和周边路网的分流,其目的是通过对通道交通流的疏导和分流,降低工程施工对区域交通的消极影响,尽可能地保障沿线居民的正常出行。目前,工程交通组织方式主要形式及其优缺点如下:

(1)全封闭式。主要考虑施工车辆的交通组织,便于控制和缩短工期,不需要交通疏导人员,可保证施工安全;但对分流道路产生了很大的交通压力,对沿线社会经济负面影响较大。

(2)半幅封闭式。施工现场干扰小,易于保证施工安全;对平行公路产生较大的交通压力,但同时降低了高速公路的服务水平,存在安全隐患。

(3)封闭部分车道。对施工作业区段所在方向的交通流进行交通管制,对于对向行驶的交通流不产生任何影响;但是施工作业和同向交通流之间的干扰因素较多,给安全、组织和管理等带来较多困难。

(4)幅区分车型分流。均衡高速公路和分流道路的通行能力,实施双侧施工,工期稍短;但安全性较差,车辆限速通行,需交通协管人员进行交通管制。

2.交通组织方案设计应遵循的原则

(1)安全原则。改建或新建工程施工期间,除要按时完成工程和保证工程质量外,还必须保障运营车辆的行驶安全,同时也必须保障施工车辆和施工人员的安全。

(2)畅通原则。改建或新建工程施工期间,应尽量保持原有道路的畅通,确保施工过程中车辆能够以较低的速度通过,减少因施工带来的运营损失。

(3)确保施工进度原则。改建或新建工程一般是在原有公路的基础上进行的,其施工必然带来原有路段的运营损失,对原有路段的通行能力也有很大的影响,因此确保施工进度、尽量减短工期是非常必要的。

(4)效益最佳原则。改建或新建工程作为一项经济活动,追求合理的利润必然要求工程在达到工程质量、工期等各项要求的基础上,付出最小的经济代价。因此,在新建或改建工程中对各项设施采取保证质量前提下的最经济的方案。

3.方案预防措施

(1)大众媒介的预告性发布。在项目开工的前期,充分利用省交通信息广播、电视媒体、互联网、报刊等媒体的社会宣传功能,发布包括主线交通组织方案、匝道开放情况、开始时间、绕行路径等基本信息,向群众及道路使用者及时报道扩建工程施工的进展和沿线交通管制方案。各收费站出入口要做到随时通报前方交通状况和交通管制方案。

(2)发放宣传单。在相关收费站向驾驶员发放宣传单,发布对象主要是高速公路的使用者,发布内容则需针对交通封闭情况,重点发布路径诱导信息,主要用于引导交通。利用宣传单进行预告性或实时性发布,具有较强的针对性。

(3)交通标志。施工路段设置施工预告标志、警告标志、分流标志和指路标志等,主要用于引导施工路段交通流有序通行;分流点前方设置相关交通标志,对施工区域路网进行交通诱导,以减少车辆绕行距离及平衡路网负荷。

4.紧急事件处理

(1)车辆故障。对于一般车辆故障,应及时拖离施工路段进行临时维修;当发生较大故障时,故障车辆应驶离或拖离事故现场,停靠临时停车场。

(2)车道堵塞。当某车道被完全堵塞时,应在短时间内集中清理出一个车道,指挥疏导车辆通行;因事故现场堵塞严重,在短时间内无法及时疏通的,应在距离堵塞现场最近的收费站进行分流。在紧急情况下,打开堵塞路段前、后第一个活动护栏,在保证安全的情况下实行单幅双向通行,最大限度地减少堵车。公路交警负责事件现场的处理和双向通行路段的指挥疏导,路政部门负责在双向通行路段设置交通标志,配合交警清理事件现场,保证处理事件期间的现场安全,并设置安全区,防止追尾等事故的发生。

(3)交通事故。施工路段如有事故发生,交通协管人员应立即报警,根据情况上报通知交警、路政等部门,同时启动紧急救援系统,及时采取安全措施,控制事故现场。在事故路段前方和各分流点处设置移动信息牌,疏导交通以防发生交通堵塞,并设置安全区,防止追尾等事故的再次发生。

(4)事故现场清障。坚持"先人后车、先易后难"的原则,如发现有人员伤亡,应及时与急救中心联系,及时把伤员送往医院进行抢救。事故现场清障时,首先在车流前方 20 m、后方 100 m 处摆放锥形标并设置减速标志。清障过程中,如遇车辆装有易燃、易爆、有毒物品等情况,应当迅速通知当地消防、卫生防疫等部门,做好各项安全措施,确保人民群众的生命和财产安全。

### (三)悬臂支架模板的应用

悬臂支架模板主要用于桥墩、混凝土墙等结构的双侧模板施工,是一种理想的墙体模板体系。在桥塔塔身施工中,可将塔柱模板与支架系统进行连接,通过塔吊将每个塔面的模板与外挂架同时提升,施工速度快,操作简单、方便、安全。

**1.悬臂支架模板的组成**

以北京卓良 CB240 悬臂支架模板为例简单介绍悬臂支架模板的组成:悬臂支架模板由模板与支架系统两部分组成。模板采用定型钢模板,根据塔身分层浇筑高度 4.5 m,模板沿高度方向配置为 3 层,单层模板高度为 2.25 m,总高度为 6.75 m。

支架系统由上平台(包括桁架、斜撑)、主平台(后移装置、平台立杆、承重三脚架)、吊平台、埋件系统组成。4 个塔面的支架单独配备。其中,每个塔面的支架作为一个单元,横桥向同一单元桁架间距为 2 m,顺桥向同一单元桁架间距为 2.75 m,各单元桁架之间用 48 mm 钢管连接、固定。桁架结构与斜撑、后移装置采用高强螺栓连接成为整体,桁架与桥塔通过高强螺栓与预埋在桥塔混凝土中的爬锥拧紧连接。

**2.悬臂支架模板的特点**

(1)支架、模板及施工荷载全部由对拉螺杆、预埋件及承重三脚架承担,无须另搭脚手架,适于高空作业。

(2)模板部分可整体后移 650 mm,以满足绑扎钢筋、清理模板及刷脱模剂等要求。

(3)模板可利用锚固装置使其与混凝土贴紧,防止漏浆及错台。

(4)模板部分可相对支撑架部分上下左右调节,使用灵活。

(5)利用斜撑模板可前后倾斜,最大倾斜角度为 30°。

(6)各连接标准化程度高,通用性强。

(7)支架上设吊平台,可用于埋件的拆除及混凝土处理。

(8)悬臂支架模板上不能堆放过重的物品,如钢筋、钢管脚手架等。

**3.悬臂支架模板工艺流程**

悬臂支架模板系统可通过塔吊同时提升模板与外挂架,施工速度快,操作简单、方便、安全。一般施工步骤为:

(1)混凝土浇筑完毕达到拆模条件后进行拆模作业。先拆除下面两块模板上的对拉杆,再通过调节悬臂支架的后移装置使模板后移。

(2)利用塔吊提升架体和模板,将架体挂在上一次浇筑预埋好的预埋件上并插好安全销。

(3)利用塔吊提升,使架体上的两块模板就位,并与最下面的一块模板连接好,通过后移装置将支架前移紧靠模板并连接。然后穿好对拉杆拧紧螺栓,检查完毕后可以进行下一次浇注。

**4.悬臂支架模板使用注意事项**

(1)注意同一单元桁架的连接及固定应牢固,平台搭设应安全可靠。

(2)埋件系统预埋的位置要求准确,在浇筑混凝土前必须由专人再次复核其位置,确保误差不大于 1 mm。

(3)每次拆模后都须将面板上附着的杂物清理干净,并在浇注混凝土前刷脱模剂。

（4）模板整个单元往上提升时，吊钩一定要吊于主背楞上部的吊具上，切记不得吊于模板的吊钩上。

（5）浇筑混凝土前，模板的下部应利用承重三脚架上的后移装置调到与已浇筑好的混凝土面紧密接触，防止再次浇筑混凝土时漏浆及错台。

（6）模板支好后，各单元间次背楞一定要用楔形销连接好，保证各单元之间连成一个整体，同时保证各单元连接好后成一条直线。

（7）浇筑混凝土前，一定要拉紧对拉螺杆，以保证混凝土的浇筑质量。

（8）支架主要采用 M24H 型对拉螺栓系统固定。螺母和外螺杆能重复使用。对于非对拉的半截面埋置螺杆务必要与劲性骨架和钢筋的焊接连接，确保其在混凝土中的锚固力，以防它在拉力的作用下拔出，造成严重安全事故。要定期检查模板单元上各个螺丝的松紧情况，如发现有松动应及时拧紧。

悬臂支架模板的成功应用，可以有效地改善传统支架法施工工艺的不足之处，节约大量的周转材料。同时，由于支架及模板同时提升，支架平台及人行楼梯的配合使用，对缩短施工周期起到了重要作用。

**（四）预制构件安装技术**

随着建筑施工技术和建筑材料性能的不断进步，越来越多的工程结构设计采用了构件工厂预制、工地现场安装的施工工艺，特别是在高层、大型建筑施工中得到运用。下面以邵伯三线船闸工程闸桥第四跨桥梁上部结构的施工为例，介绍一种比较特殊的造桥工艺。

1. 工程概况

采用刚性系杆、刚性拱肋的钢管混凝土系杆拱结构，系杆跨径为 77.7 m，计算跨径为 70 m，矢高为 14.801 m，矢跨比 $D \approx 1/5$，采用二次抛物线线型，拱轴线方程为 $Y = (4fx/L^2)(L-x)$，其中 $L = 74.006$ m，$f = 14.801$ m。系杆采用高 1.8 m、宽 1.4 m 的矩形空箱断面，拱肋采用单根 $\phi 1\,100$ mm 钢管，钢管采用 Q345C，壁厚 16 mm。风撑为一字撑，采用 $\phi 600$ mm 钢管，钢管型号为 Q345C，壁厚 12 mm。吊杆采用 OVMLZM7 37I 型成品吊杆，吊杆间距 4 m，全桥计 2×17 根吊杆。对应吊杆处设置内横梁，在横梁之间安装行车道板。由于高水河段混凝土供应困难，所有构件全部采取预制。共有预制构件：拱脚 4 片，端横梁 2 根，系杆 6 片，中横梁 17 片，行车道板 136 块。

2. 施工准备

在桥梁开工前，对桥梁的导线点及水准基点进行核对、复测，根据原始资料布设施工现场测量控制网，测量放样时使用全站仪，高程测量使用精密水准仪。

3. 系杆预制简介

根据现场条件，本跨拱桥上部结构预制场按重量大的构件靠近河边布置的原则来进行预制，以方便吊装。

4. 系杆、横梁支架安装

系杆安装支墩采用直径 400 mm、壁厚 8 mm 的钢管桩，每支点 3 排 9 根桩，每道系杆 4 个支点；钢管桩顶焊双 I128a 工字钢，上设贝雷桁架梁，梁顶设工字钢焊砂筒调节高程。支墩两侧打设防护桩，防止船舶通航时候撞击。

在岸上拼装贝雷桁架,用浮吊将贝雷桁架安装就位,并安装、连接牢固,确保整体稳定。拱肋支架在系杆第一批预应力张拉完毕并压浆后再搭设。

5.预制构件安装方案

预制构件安装采用一条150 t、举高能力为45 m的浮吊,配合一条400 t运输船。预制构件在安装前应吊起重新摆放,便于清理表面、安装及绑扎安全栏杆。

系杆与横梁摆放在距河岸较近的地方,以便于起吊安装。由于系杆、中横梁、端横梁摆放形式和现浇形式一致,故吊装较为简单,设置好吊点位置直接起吊即可,不存在翻身等工序,两吊点位置设在弯矩为零的位置,吊装时能保证结构安全。最后,对端横梁及拱脚起吊,端横梁和拱脚为异形结构,必须选好吊点位置以保证吊装时不偏心,确保安全,异形结构合理的吊点位置,先计算出其重心,再根据所要采用的吊点数均分来确定。

(1)预制件第一期安装。根据安装方案,预制构件可分为7道安装顺序。第一期安装系杆、拱脚及部分横梁,其安装顺序按设计要求进行。

首先安装与拱脚相连的端横梁2根,然后安装6片系杆,再按每2根一边,对称位置安装17片中横梁,最后安装4片拱脚。系杆及横梁湿接头钢筋全部焊接完成,安装好预应力波纹管后要进行进一步复测各标记点的坐标及高程,若不符合要求则用千斤顶重新调整并加垫块,达到要求后安装湿接头模板,浇筑同强度等级的混凝土,并按要求覆盖洒水养护至少7 d。

(2)第一批预应力张拉。当系杆、中横梁湿接头混凝土达到设计强度后进行预应力穿索张拉。首先对称张拉端横梁预应力钢束,然后张拉中横梁第二批预应力钢束、张拉系杆第一批预应力钢束至设计张拉力。待接缝混凝土强度达90%,可进行张拉作业。张拉采用油压窜心顶、OVM锚具,对称张拉。

钢束的拉力根据设计的钢束应力及钢束的总面积计算控制张拉力,张拉应力按设计要求进行。张拉时由标定的关系曲线及油压表应力值控制,张拉伸长值做校核。实测伸长值与理论伸长值的误差按规范要求应控制在±6%以内;否则应查明原因采取措施后,方可继续进行张拉。采用的钢绞线为低松弛钢绞线,对每束钢绞线张拉顺序为:0→初应力→2倍初应力→$1.05\sigma_{con}$(持荷2 min)→$\sigma_{con}$(锚固)。

张拉后应对系杆及中横梁体的变形情况、锚下混凝土有无异常现象,锚垫板、锚环、夹片及钢绞线有无回缩现象等全面观察检验。检验无误后,进行压浆封锚。

(3)预制件第二期安装。第二期安装拱肋和风撑,按拱肋分条合拢的方法进行安装。其顺序为:南侧东拱片、南侧西拱片、南侧中拱片合龙,北侧东拱片、北侧西拱片、北侧中拱片合龙;最后尽快安装风撑使其形成稳定结构。完成拱肋、风撑安装后浇筑拱肋混凝土,然后安装吊杆张拉第一批预应力钢束。

拱肋内部采用压浆的方式,压入微膨胀混凝土。混凝土配比:石子采用5~25 mm连续级配,外加剂采用JM-Ⅲ型缓凝、早强、微膨胀减水剂,混凝土坍落度控制在20~24 cm。首选在两拱脚处各浇筑部位开孔,焊接阀门,然后焊接一混凝土泵送短管。拱肋钢管每隔4 m开一排浆孔,拱顶设排气孔。钢管拱内,在顶部设置隔仓板。同一拱两侧要均匀对称浇筑,用对讲机或手机联系,保证两侧基本同时送入相同质量的混凝土。在混凝土浇筑过程中,用水不停冲洗拱肋,确保从排浆孔、排气孔溢出的混凝土不污染拱肋,以保证拱肋后期防腐的质量。在混凝土超过某一排浆孔后,及时封堵排浆孔。

(4)第三期安装吊杆。吊杆安装采用3 t慢速卷扬机进行,先将固定端锚具上紧,将张拉端锚具置于拱顶,钢丝绳穿过张拉端锚具由下至上通过拱肋系杆预留孔将吊杆吊起至安装位置后,拧紧张拉端锚具。

吊杆预应力张拉:开始张拉之前对拱肋及系杆进行复测一次,做好记录。在张拉过程中跟踪观测拱肋1/8、1/4、1/2处及系杆对应的位置的标高变化。吊杆张拉顺序及张拉力按图纸设计进行,左右幅吊杆应同时对称进行张拉。

(5)预制件第四期安装。首先,拆除桥下支架。其次,张拉系杆第二批预应力。再次,安装第二批中横梁;第二批中横梁全部采用悬吊法安装,中横梁基本就位采用手拉葫芦调整其轴线及高程,符合设计要求后焊接钢筋。为了保证中横梁不因自重下沉而高程变化,在梁端及系杆相应位置设置剪力筋。

完成第二批中横梁钢束张拉后,张拉系杆第二批钢束至设计张拉力,然后张拉端横梁、中横梁第二批钢束,张拉系杆第三批钢束。其张拉方法及压浆与以上系杆张拉钢束压浆相同。

(6)预制件第五期安装行车道板。第二批中横梁张拉完成后开始安装行车道板,其顺序应由1/4、3/4跨处向两侧对称安装,先在中间安装一条5 m宽的通道,然后进行其他桥面板的安装。桥面板安装采用汽车吊安装,先在横梁企口处用砂浆做底找平,然后安装行车道板。要求做浆要饱满,行车道板安放要平实,不得产生翘动。然后浇筑桥面铺装、防撞护栏等。

(7)张拉吊杆第二批预应力、封锚。吊杆预应力钢束张拉结束后应进行观察有无回缩现象,当符合要求后封锚。吊杆张拉过程中及张拉结束应观测拱肋1/8、1/4、1/2处及系杆对应位置的标高变化并做好记录。

**(五)桥梁深基坑施工技术**

随着经济的高速发展,交通设施建设也越来越健全,为了缓解交通压力和实现良好的交通环境,越来越多的桥梁出现在人类面前,大量深基坑施工已成为当前市政基础工程施工中的热点和难点。深基坑是指开挖深度超过5 m或有三层以上地下室的建筑物或深度虽没有超过5 m,但其地质条件以及周围环境或者地下管线极其复杂的工程所用的基坑工程。由于深基坑受工程地质、水文条件、建筑物基础类型、开挖深度、基坑周边荷载等多种因素的影响,因此深基坑施工在桥梁施工中凸显重要。

1.基坑降水

由于地下水的存在和地下水渗流很大程度上制约了基坑的稳定,周围土体的强度大大减弱,因此在基坑开挖前要将基坑范围内的地下水排出或将地下水位降低至基坑以下,以便土体在基坑开挖时能够达到一定的强度,提高土体的水平抗力,从而减少基坑的变形量。

对深基坑进行降水要遵循以下原则:首先进行降水试验井的抽排水试验,降水井布设要根据工程桩以及维护体的位置进行合理、均匀布设;下井管时必须保持井口标高一致,同时必须使用扶正器以确保井管不靠住井壁且保证井管外能够有一定厚度的填砾,并且不能靠外力强行将井管压下以免损坏过滤器结构;洗井要洗到井内出清水,水内不含砂,出水量大且出水均匀为止;在降水过程中要及时观察出水状况,当抽排一段时间后若长时间有大量砂粒从井内抽出,应停止抽水,采取间断抽水或改用小口径水泵进行抽排,以免造成地下土壤流失引起土体沉降的后果。

2.基坑维护

基坑维护有多种方法,一般常采用混凝土灌注桩维护结构或采用喷锚护坡等形式。混凝土灌注排桩一般采用旋挖钻机成孔,然后采用导管法进行水下混凝土浇筑成桩。灌注桩一般采用间距 1.0～2.0 m 进行布局,在基坑转角处进行局部加强。在钻孔过程中为了保证成桩质量同时减少对邻桩的干扰常采用间隔施工的方法。待灌注桩施工完成后采用冠梁将桩连接成整体排架,使全体围护灌注桩能够共同受力,更有利于抵抗外部土体或围岩侧向荷载。围护桩施工完后立即进行冠梁开挖和灌注桩桩顶混凝土凿除清理,并使围护灌注桩主筋锚入冠梁,之后采用与围护桩同强度等级混凝土现场浇注冠梁。

3.土方开挖

(1)遵循原则。基坑土方开挖的顺序、方法必须结合实地情况与基坑围护设计工况相一致,并遵循"开槽支撑,先撑后挖,分层开挖,严禁超挖"和"分段、分层、分块挖土,先中间后两边,随挖随撑,限时完成"的原则,并应结合土体在开挖过程中位移的变化规律,对整个基坑开挖过程做动态管理,为了能够确保基坑变形量在设计允许之内,应采用监控量测手段实行信息化施工。

(2)平面分区布置。深基坑土方的平面分区部署,要根据施工机械、当地作业条件,围护结构的布置情况以及工程工期要求来进行划分,通常为了避免运土汽车在对撑顶面行走而以对撑为界划分为数个区段,来控制挖土的先后顺序,每个挖土区段以出土口为核心点,采用先远后近的顺序进行开挖。

竖向分层布置。竖向分层挖土应主要结合挖土深度以及围护结构设计工况进行部署,一般采用反铲挖机接力式挖运土方,并控制实际每层挖土厚度不超过 2 m。施工过程中要严格控制当上层土方挖好后,其内支撑施工完成并达到一定强度后才能进行下层土方施工,按照该顺序原则逐层开挖,最后,承台以及坑中的土方应由人工进行开挖。整个土方开挖过程中要控制好坑内土方高差和临时边坡的坡度。

(3)水平方向挖土。水平方向挖土一般采用从一端向另一端分段顺序开挖。每段开挖长度不宜超过支撑的间距。基坑开挖经常采用长臂挖掘机和小型挖掘机配合进行。长臂挖掘机置于地面进行垂直开挖和装运土方。小型挖掘机主要用于基坑底部,进行边角清理和土方收集。基坑分层开挖要按层的次序进行开挖,严禁出现超挖、掏底开挖现象。

(4)竖向挖土。深基坑内每个区段的分层挖土施工一般采用大面积分层挖土、中心岛式分层挖土、盆式挖土等方式。大面积分层挖土一般符合基坑围护设计工况,但遇到挖土后的软弱土为淤泥或淤泥质黏土,为了确保挖土机和载重汽车不会陷入软土中无法行走需要回填塘渣或建筑垃圾或钢质路基板。该种方法的挖土厚度一般是不大于 2 m。中心岛式分层挖土,即先进行基坑周边分层挖土,待挖到支撑底或土钉墙的最底排,施工支撑或土钉墙后,最后开挖中心岛部分土方,该部分土方采用多台反铲挖机接力的形式将土方传送至自然地面,进行外运。该种方法分层厚度一般也不大于 2 m,且临时边坡角应控制在 1:3～1:2 以内,临时堆土高度也不能大于 0.6 m。盆式开挖则适用于基坑四周下部布置有斜撑、留置三角土有利于稳定围护结构的情况下施工。

(5)支撑下挖土。基坑支撑下方的挖土一般采取小型反铲机挖土或长臂反铲机挖土两种方法。小型反铲机挖土时挖土机应钻到支撑下挖土,之后采用接力式将土方传送到自卸汽车,该方法需要支撑下可挖高度在3m以上,以保证小型反铲挖机的操作空间;长臂反铲机挖土时挖土机应站在支撑顶作业,作业前应在支撑顶回填塘渣且铺垫钢质路基板,且应保证停机的支撑下土方不松动,并且支撑应具备相应的承载能力,以避免挖土作业负荷时压断支撑。

(6)人工修土。在机械开挖土方后,对于边角处以及基坑内不平处土方需人工修土,人工修土时要确保人工劳动力,采用边修土边运土的方法,把修出的土能及时由机械带走,或用塔吊运输出坑外装车,使基坑支护及土方开挖能形成流水线施工,减少坑底土的暴露时间。

4.基坑支护

基坑支护即根据基础各部位开挖深度不同,采取不同的临时支顶斜撑或者加强被动区措施以达到周边建筑安全的目的。

(1)水泥搅拌桩。水泥搅拌桩适用于基坑在5m以内乃至10m以内的支护方式,当地下土层条件好时,15m深的基坑也可使用。水泥搅拌桩既能挡土又能挡水,也可以与钻孔灌注桩配合使用,既可以浆喷也可以粉喷。

(2)地下连续墙。地下连续墙多用于地下水位较低或者地下水位能够被降低的场区。地下连续墙可以单独使用,也可以与其他支护形式联合使用。基坑深度大于10m时,也可用地下连续墙,并根据需要设置支撑或锚杆,以便于能够同时承受竖向与水平向荷载。

(3)土钉墙。基坑采用土钉墙进行围护,应按照每排土钉的竖向间距来控制每层挖土的深度,一般两排土钉的竖向间距不超过1.5m。采用土钉墙施工时待上层土钉施工并且在土钉注浆达到一定强度后才能进行下排土钉施工。

基坑降水、土方开挖、基坑支护是深基坑施工过程中的关键施工环节。在深基坑施工过程中只有做好前期准备、选对施工方法并且能够及时处理特殊问题等方面工作,才能确保施工质量、施工安全和减小成本,提高工程经济效益。

**(六)市政桥梁脚手架施工技术**

1.主要技术内容

(1)市政桥梁施工对象以城市跨河桥、蹿线桥(跨越城市道路、铁路)以及高架桥为主。

(2)对于现场浇筑混凝土连续梁的高架桥模板支架,当采用落地搭设排架时,可选用碗扣式脚手架、门式脚手架以及重型方塔架(类似于塔吊标准节,可用四管柱焊接成型,或用三脚架组拼)。

(3)碗扣式脚手架、门式脚手架、重型方塔架用作支架时,立杆顶端应插入可调托座,以保证轴心受压传力,并设置必要的剪刀撑和水平连系杆,以保证其架体的整体稳定性。

(4)对于城乡结合部。在不影响路面交通以及遇有软土地基、沼泽地区等情况,连续桥的施工脚手架优先采用模板支架不落地的移动支架,移动支架依附固定在桥墩上,并可采用连续顶推方法移动支架。

(5)对于跨线桥,大跨度的承力结构可选用六四式军用梁或贝雷钢桥桁节作支托桁架。桁架间应有可靠水平连接,支墩可采用钢筋混凝土临时支墩,大直径钢管支墩、万能杆件组拼方塔支墩,或用碗扣架密集搭设的重型架支墩。对于高架支墩除对承载力有要求外,还对支墩的高宽比有要求,以防失稳。

2.技术指标

(1)高度为 20 m 以下市政桥梁模板支架可用门架及碗扣架搭设,在计算搭设尺寸时应考虑随架体增加而导致承载力下降的折减系数。

(2)超高市政桥梁的模板支架应选用大规格杆件尺寸、承载力大而稳定性好的脚手架作为模板支架,如重型方塔架、万能杆件组拼塔架等。

(3)当施工大截面的箱梁或墩顶梁时,可考虑采用主立杆为 φ57×2.5 的加强型门架。

3.适用范围

(1)移动支架适用于连续等高、等跨度的多跨梁桥施工。

(2)碗扣式、门式钢管脚手架适用于作为各种现浇混凝土桥梁支模排架。

(3)六四式军用梁、贝雷钢桥桁节等定型钢桁架适用于作为跨线桥梁施工支模承力架及承力支墩。

4.已应用的典型工程

南京长江三桥等工程。

# 第三节　桥梁施工方法及其选择

## 一、桥梁施工方法

### (一)整体就地现浇施工法

固定支架整体就地现浇施工法是在桥位处搭设支架,在支架上浇筑混凝土,待混凝土达到设计强度后拆除模板、支架。

就地浇筑施工无须预制场地,而且不需要大型起吊、运输设备,桥跨结构整体性好,无须做梁间或节间的连接工作。它的缺点主要是工期长,施工质量易受季节性气候的影响、不容易控制,对预应力混凝土梁因受混凝土收缩、徐变的影响将产生较大的预应力损失,施工中的支架、模板耗用量大,施工费用高,搭设支架影响排洪、通航,施工期间可能受到洪水和漂流物的威胁。

### (二)预制安装施工法

预制安装施工法是在预制工厂或在运输方便的桥址附近设置预制场进行整孔主梁或大型主梁节段的预制工作,然后采用一定的架设方法进行安装、连接,完成桥体结构的施工方法。

这种方法的主要特点:采用工厂预制,有利于确保构件的质量;采用上、下部结构平行作业,将缩短现场施工工期,由此也可降低工程造价;主梁构件在安装时一般已有一定龄期,故可减少混凝土收缩、徐变引起的变形;对桥下通航能力的影响视采用的架设方式而定。此施工方法对施工起吊设备有较高的要求。

（三）逐孔施工法

逐孔施工法是中等跨径预应力混凝土简支梁和连续梁中的一种施工方法。它使用一套设备从桥梁的一端逐孔施工，直到对岸。视施工设备、梁体构件制造等方面可分为使用移动支架逐孔组拼预制节段施工和移动模架逐孔现浇施工。

采用移动模架逐孔现浇施工的主要特点：不需设置地面支架，不影响通航和桥下交通，施工安全、可靠；有良好的施工环境，保证施工质量，一套模架可多次周转使用，具有在预制场生产的优点；机械化、自动化程度高，节省劳力，降低劳动强度；移动模架设备投资大，施工准备和操作都较复杂；移动模架逐孔施工宜在桥梁跨径小于 50 m 的多跨长桥上使用。

（四）悬臂施工法

（1）桥梁在施工过程中，主梁或与桥墩固接，或在桥墩附近支承，在主梁上将产生负弯矩。因此，该施工法适用于运营状态下的结构受力与施工状态比较接近的桥梁，如连续梁、悬臂梁、钢构桥等。

（2）对非墩、梁固接的预应力混凝土梁桥，在施工时需采取措施，使墩、梁临时固接，保证施工期结构的稳定。

（3）对施工中墩、梁固接的桥墩可能承受因施工而产生的弯矩。悬臂浇筑施工简便，结构整体性好，施工中可不断调整位置；悬臂拼装施工速度快，桥梁上、下部结构可平行作业，但施工精度要求比较高；悬臂施工法可不用或少用支架，施工不影响通航或桥下交通，节省施工费用，降低工程造价。

（五）转体施工法

转体施工是将桥梁构件先在桥位处岸边（或路边及适当位置）进行制作，待混凝土达到设计强度后旋转构件就位的施工方法。

在转体施工中，桥梁结构的支座位置一般设定为施工时的旋转支承和旋转轴，桥梁完工后，按设计要求改变支承情况。

转体施工的主要特点：可利用施工现场的地形安排构件制造的场地；施工期间不断航，不影响桥下交通；施工设备少，装置简单，容易制作和掌握；减少高空作业，施工工序简单，施工迅速；适用于单跨、双跨和三跨桥梁，可在深水、峡谷中建桥采用，同时也适用于平原区以及城市跨线桥。

（六）顶推施工法

顶推施工是在沿桥纵轴方向的台后设置预制场地，分节段预制，并用纵向预应力筋将预制节段与施工完成的梁段连接成整体，然后通过顶推装置施力，将梁体向前顶推出预制场地，之后在预制场连续进行下一节段梁的预制，循环操作直至施工完成。

顶推施工法的特点：可运用简易的施工设备建造长大桥梁，施工费用低，施工平稳无噪声，可在水深、山谷和高桥墩上采用，也可在曲率相同的弯桥和坡桥上使用；对变坡度、变高度的多跨连续梁桥和夹有平曲线或竖曲线较长的桥梁均难以适用；主梁在固定场地分段预制，连续作业，便于施工管理，避免了高空作业，结构整体性好；顶推施工时，梁的受力状态变化很大，施工阶段梁的受力状态与运营时期的受力状态差别较大，因此在梁的截面设计和预应力钢束布置时需同时满足施工与运营的要求。

### (七)横移施工法

横移施工是在待安装结构的位置旁预制该结构物,并横向移动该结构物,将它安置在规定的位置上。

横移施工法的主要特点是在整个操作期间,与该结构有关的支座位置保持不变,即没有改变桥梁的结构体系。在横移期间,以临时支座支承该结构的施工重量。横移施工法多用于正常通车线路上的桥梁工程的换梁,也可与其他施工方法配合使用。

### (八)提升施工法

提升施工法是一种采用竖向运动施工就位的方法,即在未来安置结构物以下的地面上预制该结构并把它提升就位的施工方法❶。

提升施工法适用于整体结构,质量可达数千吨。使用该法的要求是:在该结构下面需要有一个适宜的地面;拥有一定起重能力的提升设备;地基承载力需满足施工要求;被提升的结构应保持平衡。

## 二、桥梁施工方法的选择

施工方法是施工方案中的关键问题,它直接影响施工进度、质量、安全和工程成本。对于同一项工程,有多种施工作业方法可供选择,施工方法合理与否对工程的顺利实施具有决定性作用。因此,施工方法应根据工程特点、工期要求、施工条件、资源供应情况以及施工单位拥有的施工经验和设备等因素经综合考虑后进行选择。

确定施工方法应注意突出重点,对于下列情况的项目应作为重点加以考虑:

(1)工程量大,在单位工程中占重要地位的分部或分项工程项目。

(2)施工技术复杂的项目。

(3)采用新技术、新工艺及对工程质量起关键作用的项目。

(4)不熟悉的特殊结构或工人在操作上不够熟练的工序。

在确定施工方法时,应详细而具体,不仅要拟订出操作过程和方法,还应提出质量要求和技术措施。必要时应单独编制施工作业设计。

对常规施工方法和工人熟练的项目,则不必详述,提出应注意的特殊问题即可。

# 第四节　预应力桥梁施工技术

## 一、预应力技术概述

预应力的思想是古老的,其基本原理早在古代就有所运用,例如木锯。木锯上绞紧的绳索对锯条施加了一个预拉力,使其能承受锯木运动中受到的重复变化的拉、压应力,从而避免抗弯能力很低的锯条被压、弯折破坏。上述理论直到 19 世纪才被运用到混凝土中。我国在 20 世纪 50 年代开始试验研究预应力混凝土结构。最初试用于预应力混凝土

---

❶ 周爱国.隧道工程现场施工技术[M].北京:人民交通出版社,2004.

轨枕,之后于 1956 年在陇海线成功建成一座 28×23.8 m 跨新沂河的预应力混凝土铁路梁桥;1957 年在京周公路上修建了一座跨径为 20 m 的装配式后张预应力混凝土简支梁桥。

此后预应力混凝土结构在我国桥梁建设中的应用发展迅速,应用范围也扩大到高层建筑、海洋工程压力容器、基础工程等新领域,并随着高性能混凝土的采用,施工工艺的不断创新,计算理论的不断完善,设计思想的不断发展而发展。

预应力技术从工程实际应用到现在才半个多世纪,但是由于预应力混凝土具有结构安全可靠、节约材料、自重较小、构件的抗裂性好、刚度大等优点,得以迅速发展,应用范围越来越广泛,应用数量日益增多。

### (一)预应力施工工艺

随着科技的不断进步,新型材料的不断涌现,相关设备性能的不断优化与提高,计算理论的不断完善,以及预应力结构体系的不断创新,预应力施工工艺也在不断地完善与提高。

(1)混凝土结构的施工技术不断发展,在立模现浇整体施工技术仍在广泛应用的同时,大力提倡预制标准构件施工法。如在桥梁工程中,根据结构的不同,结合工程实际环境,可选用悬臂施工法、逐孔施工法、支架就地浇注施工法和顶推施工法等施工方法。

(2)对于体内后张预应力混凝土结构,需在混凝土体内预留预应力孔道。预应力孔道可以采用埋预应力管道方式成型,常用的预应力管道有:金属波纹管、铁皮管、塑料波纹管;也可以采用先预埋后抽芯的方式成型,如采用钢管、橡皮管抽芯成型;还可采用无黏结预应力筋和后黏结预应力筋作为预应力筋,这样就避免了烦琐的预留管道施工过程。

(3)针对传统的有黏结后张预应力筋在预应力管道的防腐性和压浆的密实性方面的缺陷,一种具有防水、抗氧化、耐腐蚀的塑料波纹管开始使用,从而避免了金属管道锈蚀的问题;同时,针对传统管道压浆因水泥浆水灰比较大、泌水严重以及浆体压密度较小等问题,“二次灌浆法”、低水灰比水泥浆真空吸浆工艺应用于工程实践,取得良好效果。外包管道、带浆体(一般为建筑油脂)的无黏结预应力筋和预灌浆技术、后黏结预应力筋等具有自防腐能力的预应力筋也在实际工程中广泛运用。

### (二)预应力结构体系

早期的预应力混凝土结构都是按照全预应力混凝土结构来设计的。全预应力混凝土具有刚度大、抗疲劳、防渗漏等优点,同时也有结构构件的自重较大、截面尺寸较大、反拱过大、锚下局部应力过高、延性较低、不利于结构抗震等缺点;部分预应力混凝土因兼有预应力和钢筋混凝土的优点,克服了全预应力混凝土结构预压力过高的缺点,节省了预应力钢筋,进一步改善了预应力混凝土的使用性能。体内双向作用预应力混凝土结构是一种在混凝土的拉、压区同时配置预拉和预压预应力钢筋,形成拉、压双向作用预应力体系的结构。

双向预应力混凝土桥梁以其高效预应力、较小高跨比的特点,广泛适用于跨线桥、多层立交桥等结构,反映出良好的经济效益和社会效益。无黏结预应力钢筋的采用可使预应力钢筋与普通钢筋同时布设、浇筑混凝土,待混凝土达到一定强度后再张拉,极大地提高了施工速度。而体外预应力混凝土除减少预应力管道摩阻损失、减小梁体截面尺寸外,还可极大地方便施工,更具经济效益。

另外,预弯钢梁混凝土结构因具有建筑高度较小、刚度大、承载能力大等优点,也成为近年来试验桥型的热点之一。

### (三)预应力技术的发展方向

预应力混凝土具有很多优点,在国内外应用十分广泛,特别是在大跨度或重荷载结构,以及不允许开裂的结构中,预应力技术也日臻完善。但随着科技的进步,施工技术、预应力体系等的发展,预应力混凝土结构仍然发生着很大变化,各种新材料、新技术、新设计理念不断涌现。展望未来,预应力技术的发展可简单概述为以下几点:①应用范围越来越广,应用数量日益增多。②混凝土材料向高性能、轻质方向发展。③预加应力材料向高强、耐腐蚀方向发展。④预应力张拉锚固体系性能更加优良。⑤预应力施工工艺将会更加成熟。⑥预应力结构体系不断创新。⑦预应力的设计、计算理论不断完善。

预应力由于其独特的优越性能,正发挥着越来越重要的作用,而且应用范围不断扩大。随着工程建设事业的发展,预应力技术也必将会在交通运输、建筑工程、塔桅结构和海洋工程等领域中飞速发展❶。

## 二、预应力混凝土简支梁施工技术

简支梁、连续梁是按结构类型划分的:简支梁是只有两端支撑在柱子上的梁,连续梁是在简支梁的基础上中间部位也有柱子支撑的梁,同样柱距的连续梁比简支梁受力条件要好,可以减小断面尺寸以节省材料。预制梁、现浇梁是按施工类型划分的:预制梁在工厂制作、在施工现场安装即可,现浇梁是在施工现场浇筑、制作的。

由于预应力混凝土的种种优异性能,特别是材料性能和不断改进设计,理论日趋完善,施工工艺不断革新,这种新型材料在桥梁工程中得到了很大的发展。预应力混凝土简支梁的施工是最基本的一种。以下介绍先张法预应力混凝土简支梁的施工。

### (一)施工准备

#### 1.张拉台座的施工及质量控制

张拉台座虽是临时设施,但其质量的好坏基本上决定了预应力混凝土构件的预制质量,必须有足够的强度和刚度。计算依据是以设计的最大张拉力乘以抗滑移安全系数1.5、抗倾覆安全系数2.0。台座刚度对预应力的影响较大,若刚度不够,台座变形较大,预应力损失也较大。为此,要求构件预制前先在台座上放一束钢绞线,取最大张拉力,对张拉台座及钢横梁进行荷载试验,当强度和刚度满足要求后再投入使用。

台座底模采用细粒式水磨石面层,台座侧面沿纵向预埋 63 号槽钢,内置 $\phi60$ mm 高压塑料管,使构件侧模与台座紧密结合而不致漏浆,造成构件底部混凝土出现麻面。

#### 2.张拉机具的选择与使用

根据设计张拉力的大小及设计张拉伸长值选择千斤顶的吨位、行程以及与之配套的高压油泵和油表。由于施加到梁体上的预应力值的准确性对预应力构件质量的影响至关重要,所以机具进场之前必须由有资格的检测单位进行千斤顶和油表的校验,以确定张拉力与压力表的关系曲线。检验时,千斤顶活塞的运行方向应与实际张拉状态一致。采用

---

❶ 王建宇.隧道工程的技术进步[M].北京:中国铁道出版社,2004.

试验机检验时,宜以千斤顶试验机的读数为准。如果构件的数量较大,张拉设备使用频率高,要求每使用超过 6 个月或 200 次,以及千斤顶在使用过程中出现不正常现象如漏油,实际伸长值出现系统偏大或偏小,应重新检验。

3.混凝土拌和设备的选择与使用

一般在使用高强度等级混凝土或在野外施工时,为保证混凝土配合比的准确性及混凝土的质量,配备 JS500 型强制拌和机和经过检验合格的磅秤,且要加强保养,确保拌和系统的正常运行。

4.张拉应力及伸长值控制

设计采用的是公称抗拉强度 1 860 MPa,公称直径 15.24 mm,公称截面面积 $A_g = 1.4 \times 10^{-4} \text{ m}^2$,弹性模量 $E_y = 1.95 \times 10^5 \text{ MPa}$ 的低松弛钢绞线。施工应力按钢绞线公称抗拉强度的 75% 计算。

**(二) 预应力空心板施工质量控制**

1.钢绞线下料及预应力施工

因张拉台座为满足最长梁板生产需要,同时节省材料、减少投资的原则,要求钢绞线下料大致等长,两端用异形连接器与精轧螺纹钢连接,为保证每股钢绞线应力一致,宜选用 20 t 单股千斤顶,初张调整应力,并检查钢绞线位置是否与设计位置相符,否则应调整合格后再进行整体张拉。

2.张拉注意事项

(1)整体张拉须让精轧螺纹钢居于张拉横梁预留孔中心,尽可能减少孔口应力损失,且螺纹钢轴线中心与千斤顶活塞中心应在同一平面内;否则导致横梁在大吨位的偏心作用下产生倾覆,造成安全质量事故。

(2)张拉横梁与锚固横梁整个张拉过程均必须平行,确保每股钢绞线应力均匀;否则要么应力不够,预拱度不正常,要么应力超标,钢绞线超过极限而被拉断,发生安全事故。整体张拉完毕后,检查实际伸长量与理论伸长量,两者相差不超过 +6%。预应力张拉采用应力、应变双控,以控制应变为主。

(3)整个张拉过程均须谨慎、缓慢地进行,且在张拉槽边不得有其他闲杂人员,其上靠近施工作业人员侧需用有效物件覆盖,以阻挡钢绞线意外飞离夹具对周边结构及人员的损伤。

3.确保连接器安全使用的措施

由于连接器是通过锚塞孔内的夹片来实现钢绞线与连接器锚固的。若锚固塞内的夹片不能有效工作,则会造成张拉失锚。在连接器和夹片质量可靠的前提下,导致夹片不能有效工作的原因是前次混凝土浇筑时,砂浆进入锚塞孔内包裹夹片,或连接器长期露天放置,孔内生锈,导致夹片不能自由活动和有效夹持钢绞线而产生失锚。安装连接器时,用适当的材料涂抹或覆盖连接器,防止地表水侵蚀和砂浆进入连接器中。若张拉失锚,先清理夹片中的污物,然后重新安装,用小吨位的千斤顶补张拉至设计应力,以伸长值控制为主。

4.混凝土养护及预应力放张

空心板浇筑完成,混凝土初凝后用麻袋覆盖,终凝后再洒水养护,频率要求保持混凝土经常处于湿润状态,并持续 7 d,当强度达到强度等级的 80% 以上时,方可放张起吊。本项目采用千斤顶整体放张法,为避免放张过程预应力集中产生裂缝或侧弯,放张时,按 40%→30%→10% 的顺序,两千斤顶缓慢、均匀、同步操作。禁止用切割机在端头直接切割和用氧炔焰强行烧断,以免造成混凝土内伤。

5.空心板预拱度控制

控制预拱度尤为重要,也就是要很好地掌握混凝土强度和放张时间,计算公式如下:

$$f = PL^3/EI$$

式中:$f$ 为预拱度;$P$ 为施加外力;$L$ 为构件长度;$E$ 为混凝土弹性模量;$I$ 为混凝土惯性矩。

从上述公式可以看出,混凝土的弹性模量对构件预拱度影响最大,混凝土的强度也不能忽视。

**(三)预应力混凝土简支梁桥的裂缝预防与处置对策**

在预应力简支梁桥修建过程中和运营过程中,有时会发现梁体不同部位出现龟裂、横向裂缝、纵向裂缝和斜向裂缝。裂缝一旦出现,轻则影响结构的耐久性,重则直接影响结构的承载能力,甚至危及结构的安全,而一旦裂缝发生,则必须采取适当的措施,以保证桥梁的安全和耐久性能。

1.龟裂的预防和处置对策

对于收缩裂缝应注意合理配置适当的构造钢筋,尽可能降低水灰比,并在混凝土浇筑后及时覆盖浇水养护,在干燥环境下更应注意加强养护。

对于因温度变化过大造成的裂缝,首先应选择低水化热的水泥,合理配置构造钢筋;其次是对采用蒸汽养生的梁,应严格控制开始的升温时间和结束时的降温时间,按规定使梁体混凝土缓缓升温、降温;在寒冷地区浇筑梁体混凝土时,要采用切实可行的保温、隔热措施等。有时,新旧混凝土接缝处,沿接缝面中部的垂直方向,由于新混凝土结硬的水化热与已经结硬、冷却的旧混凝土之间存在温差;同时由于旧混凝土龄期较长,收缩大部分完成,而新浇混凝土结硬时收缩受阻等也会引起混凝土开裂,这种情况应该尽量避免,若必须如此,则应采取增加构造布筋和其他适当的减小温差的措施。

由于龟裂一般深入混凝土的深度不大,裂缝宽度一般也较小,除对结构的耐久性和美观可能有影响外,不会对结构当前的受力造成影响,故可用外部涂刷或其他的封闭法处理,以免减小钢筋的保护层厚度,使钢筋容易遭受腐蚀。

2.梁底纵向裂缝

如前所述,梁底纵向裂缝一般来说是受力裂缝,所以首先在设计时应合理拟定截面,确定适宜的预应力度,对于较长的跨度及桥面较宽的情况,应尽量设横向预应力,此外,对锚下局部应力应给予足够的重视,对超常规设计必要时应配合做锚下局部应力试验,以免混凝土受力过大。此外,对易发生因碱—集料而产生裂缝的地区,应重视集料的选用以及施工用水的化验,避免碱—集料反应发生。

对于因截面或预应力设计不合理导致的裂缝,应找出应力的超过幅度,进行分析,若应力超出不多,可用改性环氧混凝土将裂缝浇捣封闭;否则,应采用加固截面或加体外预应力等措施处理。若开裂非常严重,必要时应废掉重做。

3.梁顶底面的横向裂缝

梁顶底面的横向裂缝对于简支梁在运营期间因徐变产生的横向裂缝,一般因权衡活载上桥后的下翼缘的受力和徐变基本结束后的上翼缘在恒载单独作用下的受力情况,以及梁的竖向刚度要求,在可能的情况下减小预应力度。

对于在运营中发现的横向裂缝,一般应采用改性环氧树脂封闭,或在梁顶、底面用碳纤维布粘贴加固的方法处理。

4.主拉应力方向的斜向裂缝

一般来说,由于连续的混凝土结构存在次内力的再分配问题,施工过程中的影响因素又非常之多,在裂缝出现后要准确找出原因很困难,所以在设计时首先应该合理地确定中、边跨比,注重跨度1/4的剪应力和主拉应力检算,适当增加箍筋配置,对连续结构的竖向预应力钢筋的永存预应力的核算,应充分考虑施工控制精度和工艺水平以及各项预应力损失,做到客观合理。

5.梁全截面的破坏性崩裂

如前所述,梁全截面的破坏性崩裂是一种灾难性事故,在造成工程结构和设备损失的同时,有时还会造成人员的伤亡,应全力避免。除在设计时详细核算截面的整体受力外,还应对锚下局部应力的检算予以重视,此外,施工中要从机具的校验和操作工艺上严格把关,保证不超张拉。

按照以往桥梁规范规定,预应力梁体混凝土的纵向裂缝宽度不应超过 0.2 mm,竖向裂缝则不允许出现。新修订的公路桥梁设计规范则对于一般环境下的预应力梁体,规定其裂缝限值为 0.1 mm。而实际梁体一旦开裂,多数情况下裂缝宽度往往就已超过这些限值。所以,即使目前的裂缝对结果受力不会造成影响,单从保证结构耐久性来讲,也必须对其进行处理。特别是对处于潮湿多雨和空气中有害气体含量较高地区的桥梁,以及冬季必须在桥上撒除冰盐消冰地区的桥梁,更是如此。

如上所述,预应力桥梁的开裂是一个复杂的问题,牵涉设计、施工、气候、运营期的荷载及其运营养护等方面,所以要从根本上减少以至基本消除梁体开裂现象,需要各个方面的共同努力和配合,缺一不可。

## 三、预应力混凝土连续梁桥施工方法

预应力混凝土连续梁桥是近年来铁路、公路广泛采用的一种桥梁结构形式,它以受力合理、桥形美观、养护费用低等优点受到广泛的欢迎。预应力混凝土连续梁桥的施工方法甚多,主要有整体现浇、预制简支—连续施工、顶推施工、悬臂施工和移动式模架逐孔施工等方法。以下将分别介绍前面三种常用的施工方法。

### (一)整体现浇施工法

1.整体现浇施工法的特点

整体现浇施工通常为整体浇筑混凝土而成。整体现浇施工法是首先搭设支架,然后在支架上安装模板,绑扎及安装钢筋骨架,预留孔道,并在现场浇筑混凝土与施加预应力的施工方法。由于施工需用大量的模板支架,一般用于中小跨径的桥或交通不便的边远地区。随着桥梁结构形式的发展,出现一些变宽的异形桥、弯桥等复杂的混凝土结构,又由于近年来临时钢构件和万能杆件系统的大量应用,在其他施工方法都比较困难或经过比较比其他施工方法施工方便、费用较低时,也有在中、大跨径桥梁中采用满堂支架施工方法。

预应力混凝土连续梁桥需要按一定的施工程序完成混凝土的现场浇筑,待混凝土达到所要求的强度后,拆除部分模板,进行预应力筋的张拉、管道压浆工作。至于何时可以落架,则应与施工程序和预应力钢筋的张拉工序相配合。当在张拉后恒载自重已能由梁本身承受时可以落架。对多联桥梁,支架拆除后可以周转使用。有时为了减轻支架负担,节省临时工程材料用量,主梁截面的某些非主要受力部分可在落架后利用梁自身进行支撑,继续浇筑第二期结构的混凝土,但由于要增加梁的受力,并使浇筑和张拉的工序有所反复。

混凝土浇筑方式是支架施工的关键。以大跨径预应力混凝土箱形截面连续梁桥为例,混凝土浇筑可分多种方法进行:一种是水平分层浇筑,即先浇筑底板,待达到一定强度后浇筑腹板,最后浇筑顶板。该方法用于工程较大时,各部位还可分数次浇筑。另一种是分段施工法,即根据施工能力,每隔 20~45 m 设置连接缝,该连接缝一般设在梁的弯矩较小区域,连接缝宽 1 m,待各段混凝土浇筑后在接缝处合龙。

综上所述,整体现浇施工法的特点如下:

(1)桥梁的整体性好,施工平稳、可靠、不需大型起重设备。

(2)桥梁施工过程中无体系转换,不产生恒载徐变二次力,施工方便。

(3)预应力混凝土连续梁桥可以采用预应力体系,使结构构造简化,方便施工。

(4)需要使用大量施工支架,跨河桥梁搭设支架影响河道的通航与排洪,施工期间支架可能受到洪水和漂流物的威胁。

(5)施工工期长、费用高,需要有较大的施工场地,施工管理复杂。

2.现浇施工法中常见的支架施工方法

整体就地现浇施工法中有多种常见的支架施工方法,有满堂支架、贝雷梁桁架和钢管立柱支架等方法。钢管脚手架搭设和拆除方便,投资小;贝雷梁桁架结构性能好,跨越能力大,对于复杂地形能减少钢管立柱的数量,从而减少型钢资金投资;钢管立柱承载能力大,广泛用于水中支架和软基中。

1)水中支架施工

(1)水中钢管立柱搭设方案选定。水中钢管立柱搭设常用的方法有两种:

方法一:采用振动锤插打钢管桩,由贯入度和设计桩底标高双控插打深度,以贯入度控制为主。该方法施工方便,但仅适用于有覆盖层的地质情况,且支撑安全性难以保障。

方法二:搭设水上钻孔平台,冲击钻成孔并浇筑钢筋混凝土桩基,根据钻孔记录和设计资料确定钻孔桩嵌岩深度,预埋钢管立柱出水面 2 m 以上高度,待混凝土 7 d 强度后再接长加高钢管立柱。该方法施工麻烦,但基础牢固可靠,适用于任何地质情况。

(2)水中支架搭设。

①搭设水上钻孔平台,冲击钻成孔并浇筑钢筋混凝土桩基,预埋钢管立柱出水面 2 m以上高度,待混凝土 7 d 强度后再接长加高,采用环焊缝接长钢管。钻孔桩要求嵌岩深度不小于 5 m(以钻孔记录控制),成孔后,钢筋笼按照 5 m 制作,混凝土浇筑高度控制为 5.5 m,混凝土浇筑后将钢管立柱插入桩基混凝土 2~3 m 临时固定在钻孔平台上。钢管立柱

固定前要用垂球控制垂直度。

②焊接钢管纵横向联系。在施工水位面上1 m的位置设置第一道横联,水面以上12 m的高度设置一道钢管纵联以增加支架的整体刚度。

③测量立柱顶部高程至设计位置,钢管立柱顶相对高差 $\Delta h<2$ mm,安装钢管立柱顶部横梁工字钢并焊接固定。横向分配梁在支点处应增焊加劲板,以防局部失稳。

④拼装贝雷梁承重梁,贝雷梁位于箱梁腹板下方,桁片之间设置支撑架。

⑤搭设贝雷梁上钢管脚手架,采用顶托调整至设计标高,设置纵横向剪刀撑。

⑥安装底模纵横向分配梁,铺装底模。

⑦安装操作平台。

2)陆上钢管支架施工

陆上钢管立柱采用明挖基础支撑。1号、2号钢管立柱混凝土扩大基础浇筑前,采用夯锤压实土层,保证基底承载力不小于0.25 MPa,当地基承载力偏小时,可加大基础底面积,同时增加混凝土厚度来满足承载要求。混凝土扩大基础底部设置钢筋网片。钢管立柱预埋钢板中间开设直径10 cm的孔洞,方便混凝土振捣,防止钢板下方混凝土不密实,导致立柱承载能力减弱。钢管斜撑基础钢板预埋于3号墩承台上。承台预埋钢板应紧贴钢筋网,待支架拆除后,采用高强度等级砂浆将其抹平。斜撑顶部140工字钢穿过3号墩盖梁将墩身两侧钢管斜撑连接为整体,增加了斜撑承载能力及稳定性。

3)落地满堂支架搭设

满堂落地支架施工时应平整场地,基底承载力较小时应处理后浇筑20 cm厚C15混凝土再安装支架。支架纵横连接杆的布置应严格满足支架设计要求,扣件质量必须满足国家标准要求,螺栓必须拧紧。支架搭设方式简单方便,不予赘述。

现浇支架设计充分考虑到各种不利因素,合理的计算各构件强度、刚度、稳定性,在保证工程经济、进度的前提下,提高支架的安全储备,以防意外因素对结构产生毁灭性损害。

## (二)预制简支—连续施工法

预制简支—连续施工又称先简支后连续施工法。其程序为:预制简支梁,分片进行预制安装,预制时按预制简支梁的受力状态进行第一次预应力筋(正弯矩)的张拉锚固,安装完成后经调整位置(横桥向及标高),浇筑墩顶接头处混凝土,更换支座,进行第二次预应力筋(负弯矩筋)的张拉锚固,进而完成一联预应力混凝土连续梁的施工。

预制简支—连续施工法亦存在体系转换。体系转换方法一般有以下三种:

(1)从一端起依次逐孔连续,即先将第一孔与第二孔形成两跨连续梁,然后与第三孔形成三跨连续梁,依此类推,形成一联连续。

(2)从两端起向中间依次逐孔连续。

(3)从中间孔起向两端依次逐孔连续。

如遇长联,可按上述三种方法灵活综合选用。显然,不同的体系转换方法所产生的混凝土徐变二次力及预加力产生的二次力是不同的。

对于跨径不太大的连续梁,如果起重能力足够,也可直接预制成单悬臂梁的安装构件进行架设,还可使悬臂段做成临时牛腿来支撑中央段,这样就不需要设置临时支架。预制简支—连续施工法具有以下特点:适合于矮箱梁及T形截面梁集零为整,形成连续梁;适宜跨径为 25~50 m,且宜等跨径布置桥孔,施工工艺成熟简单,不需大型起吊设备;下部结构和预制梁可安排平行作业施工,桥梁总体施工期短。预制简支—连续施工法具有的上述优点,使其在近年的桥梁建设尤其是高等级公路桥梁中得到了广泛的应用。

### (三)顶推施工法

顶推施工法是沿桥纵轴方向的桥台后开辟预制场地,分节段预制混凝土梁体,并用纵向预应力筋连成整体,然后通过水平液压千斤顶施力,借助不锈钢板与聚四氟乙烯模压板特制的滑动装置将梁逐段向对岸顶进,就位后落架,更换正式支座完成桥梁施工的方法。自 20 世纪 70 年代以来,顶推施工在世界各国颇为盛行。我国连续梁顶推施工取得了一定的经验,但仍属初级阶段,在顶推设备、施工方法、施工组织等方面还需研究,以扩大推广使用范围,获得更好的经济效益。

一般来说,采用顶推施工宜选用等截面箱梁,跨径为 30~60 m(最大可达 160 m)的直线梁桥,但也有在变截面及弯桥中采用顶推施工的连续梁桥。主梁的节段长度划分主要考虑节段间的连接处不要设在连续梁受力最大的截面,如支点和跨中截面,同时要考虑制作加工容易,尽量减少分段,缩短工期。每段长一般取 10~20 m。顶推过程中结构体系在不断变化,每个截面正负弯矩交替出现,且施工弯矩包络图与使用状态的弯矩包络图相差较大,为了减小施工中的内力,扩大顶推施工法的使用范围,同时也从安全施工和方便施工出发,在施工过程中使用一些临时设施,如导梁、临时墩、拉索托架等临时结构。导梁设置在主梁的前端,为等截面或变截面的钢桁梁或钢板梁,主梁前端安装预埋件与钢导梁栓接。

顶推跨径过大是不经济的,不但增加施工内力,而且增大施工难度,为此通过增加临时墩来加以克服。临时墩仅在施工中使用,因而造价要低,便于装拆。一般多用滑升模板浇筑的混凝土薄壁空心墩,使用临时墩会增加施工费用,但可节约上部结构材料用量。布设临时墩要从桥梁分跨、通航要求、桥墩高度、河床深度、地质条件、工程造价、施工工期及施工难易程度等方面综合考虑。

顶推施工法很多,按施力方法分有单点顶推和多点顶推;按支承系统分有设置临时滑动支承顶推和使用与永久支座兼用的滑动支承顶推;依顶推方向分有单向顶推和相对顶推。可根据实际情况灵活选用。对于特别长的多联多跨桥梁也可以应用多点顶推的方式使每联单独顶推就位。在此情况下,在墩顶上均可设置顶推装置,且梁的前后端都应安装导梁。必须注意,在顶推过程中要严格控制梁体两侧千斤顶同步运行。为了防止梁体在平面内发生偏移(特别在单点顶推的场合),通常在墩顶的梁体旁边可设置横向导向装置。采用顶推施工法的不足之处是:一般采用等高度连续梁,会增多结构耗用材料的数量,梁高增大会增加桥头引道土方量,且不利于美观。此外,顶推施工法的连续梁跨度也受到一定的限制。

# 第七章 市政工程招标投标与合同管理

## 第一节 合同的种类与内容

我国于 1999 年 3 月 15 日颁布了《中华人民共和国合同法》(简称《合同法》),并于 1999 年 10 月 1 日起施行。在我国,《合同法》是适用于合同的最重要的法律。

### 一、合同的分类

合同是平等主体的自然人、法人、其他组织之间建立、变更、终止民事权利义务关系的协议。在人们的社会生活中,合同是普遍存在的。在社会主义市场经济中,社会各类经济组织或商品生产经营者之间存在着各种经济往来关系,它们是最基本的市场经济活动,它们都需要通过合同来实现和连接,需要用合同来维护当事人的合法权益,维护社会的经济秩序。没有合同,整个社会的生产和生活就不可能有效和正常地进行。

由于市场经济活动的内容丰富多彩,形成多种多样的合同。在我国,合同法调整的对象主要是经济合同、技术合同和其他民事合同。其中,最主要的几种常见的合同类型如下:

(1)买卖合同。本合同是为了转移标的物的所有权,在出卖人和买受人之间签订的合同。出卖人将原属于他的标的物的所有权转移给买受人,买受人支付相应的合同价款。在建筑工程中,材料和设备的采购合同就属于这一类合同。

(2)供用电、水、气、热力合同。本合同适用于电、水、气、热力的供应活动。按合同规定,供电、水、气、热力人向用电、水、气、热力人供电、水、气、热力,用电、水、气、热力人支付相应的费用。

(3)赠予合同。本合同是财产的赠予人与受赠人之间签订的合同。赠予人将自己的财产无偿地赠予受赠人,受赠人表示接受赠予。

(4)借款合同。本合同是借款人与贷款人之间因资金的借贷而签订的合同。借款人向贷款人借款,到期返还借款并支付利息。

(5)租赁合同。本合同是出租人与承租人之间因租赁业务而签订的合同。出租人将租赁物交承租人使用、收益,承租人支付租金,并按期交还租赁物。在建筑工程中,常见的有周转材料和施工设备的租赁。

(6)融资租赁合同。融资租赁是一种特殊的租赁形式。出租人根据承租人对设备出卖人、租赁物的选择,向出卖人购买租赁物,再提供给承租人使用,承租人支付租金的合同。

(7)承揽合同。本合同是承揽人与定做人之间就承揽工作签订的合同。承揽人按定做人的要求完成工作,交付工作成果,定做人支付相应的报酬。承揽工作包括:加工、定作、维修、测试、检验等。

（8）建设工程合同。本合同是发包人与承包人之间签订的，承包人进行工程建设，发包人支付价款的合同。包括建设工程勘察设计、施工合同。

（9）运输合同。本合同是承运人将旅客或货物从起运地点运输到约定的地点，旅客、托运人或收货人支付票款或运输费的合同❶。运输合同的种类很多，按运输对象不同，可分为旅客运输合同和货物运输合同；按运输方式的不同，可分为公路运输合同、水上运输合同、铁路运输合同、航空运输合同；按同一合同中承运人的数目，可分为单一运输合同和联合运输合同等。

（10）技术合同。本合同是当事人就技术开发、转让、咨询或服务订立的合同。它又可分为技术开发合同、技术转让合同、技术咨询合同和技术服务合同。

（11）保管合同。本合同是在保管人和寄存人之间签订的合同。保管人保管寄存人交付的保管物，并返还该保管物。而保管的行为可以是有偿的，也可能是无偿的。

（12）仓储合同。本合同是一种特殊的保管合同，保管人储存存货人交付的仓储物，存货人支付仓储费。

（13）委托合同。本合同是委托人和受托人之间签订的合同。受托人接受委托人的委托，处理委托人的事务。

（14）经纪合同。本合同是委托人和经纪人就经纪事务签订的合同。经纪人以自己的名义为委托人从事贸易活动（一般为购销、寄售等），委托人支付报酬。

（15）居间合同。本合同是就订立合同的媒介服务及相关事务签订的合同。合同主体是委托人和居间人。居间人向委托人报告订立合同的机会或提供订立合同的媒介服务，委托人支付报酬。

上述合同在我国的合同法中被称为典型合同，又称有名合同，是指法律没有规范，并赋予一定名称的合同。

## 二、合同的内容

合同的内容由合同双方当事人约定。不同种类的合同其内容不一，简繁程度差别很大。签订一个完备周全的合同，是实现合同目的、维护自己合法权益、减少合同争执的最基本的要求。合同通常包括如下几方面内容。

### （一）合同当事人

合同当事人指签订合同的各方，是合同的权利和义务的主体。当事人是平等主体的自然人、法人或其他经济组织。但对于具体种类的合同，当事人还应当具有相应的民事权利能力和民事行为能力，例如签订建设工程承包合同的承包商，不仅需要工程承包企业的营业执照（民事权利能力），而且需有与该工程的专业类别、规模相应的资质许可证（民事行为能力）。

合同法适用的是平等民事主体的当事人之间签订的合同。在如下情况下有时虽也签订合同，但这些合同不适用合同法：

---

❶ 王毅才.隧道工程[M].2 版.北京：人民交通出版社,2006.

（1）政府依法维护经济秩序的管理活动,属于行政关系。

（2）法人、其他组织内部的管理活动,例如工厂车间内的生产责任制,属于管理与被管理之间的关系。

（3）收养等有关身份关系的协议,合同法规定,"婚姻、收养、监护等有关身份、关系的协议,适用其他法律的规定"。

在日常的经济活动中,许多合同是由当事人委托代理人签订的。这里合同当事人被称为被代理人。代理人在代理权限内,以被代理人的名义签订合同。被代理人对代理人的行为承担相关民事责任。

**（二）合同标的**

合同标的是当事人双方的权利和义务指向的对象。它可能是实物(如生产资料、生活资料、动产、不动产等)、行为(如工程承包、委托)、服务性工作(如劳务、加工)、智力成果(如专利、商标、专有技术)等。如工程承包合同,其标的是完成工程项目。标的是合同必须具备的条款,无标的或标的不明确,合同是不能成立的,也无法履行。

合同标的是合同最本质的特征,通常合同是按照标的物分类的。

**（三）标的的数量和质量**

标的的数量和质量共同定义标的的具体特征。标的的数量一般以度量衡作为计算单位,以数字作为衡量标的的尺度;标的的质量是指质量标准、功能、技术要求、服务条件等。标的的质量需订得详细具体,标的的数量要确切。首先应选择双方共同接受的计量单位,其次要确定双方认可的计量方法,再次应规定允许的偏差。

没有标的数量和质量的定义,合同是无法生效和履行的,发生纠纷也不易分清责任。

**（四）合同价款或酬金**

合同价款或酬金即取得标的(物品、劳务或服务)的一方和对方支付的代价,作为对方完成合同义务的补偿。合同中应写明价款数量、付款方式、结算程序。

**（五）合同履行的期限、履行地点和方式**

合同期限指履行合同的期限,即从合同生效到合同结束的时间。履行地点指合同标的物所在地,如以承包工程为标的的合同,其履行地点是工程计划文件所规定的工程所在地。

由于一切经济活动都是在一定的时间和空间上进行的,离开具体的时间和空间,经济活动是没有意义的,所以合同中应非常具体地规定合同期限和履行地点。

**（六）违约责任**

违约责任即合同一方或双方因过失不能履行或不能完全履行合同责任而侵犯了另一方权利时所应负的责任。违约责任是合同的关键条款之一。没有规定违约责任,则合同对双方难以形成法律约束力,难以确保圆满地履行,发生争执也难以解决。

**（七）解决争执的方法**

解决争执的方法是指有关解决争议运用什么程序,适用何种法律、选择哪家检验或鉴定的机构等内容。

以上是一般合同必须具备的条款。不同类型的合同按需要还可以增加许多其他内容

# 第二节　建设工程合同

## 一、建设工程合同的概念和特征

### (一)建设工程合同的概念

《合同法》第二百六十九条规定:建设工程合同是承包人进行工程建设、发包人支付价款的合同。建设工程的主体是发包人和承包人。发包人一般为建设工程的建设单位,即投资该项工程的单位,通常也称作"业主",包括业主所委托的管理机构。承包人是实投工程的勘察、设计、施工等业务的单位。这里的工程是指土木工程、建筑工程、线路管道和设备安装工程以及装修工程。

### (二)建设工程合同的特征

(1)合同主体的严格性。建设活动不同于一般的经济活动,建设工程合同的双方当事人的主体是有严格限制的,《中华人民共和国建筑法》(简称《建筑法》)对建设工程合同的主体有非常严格的要求,要求建设工程承包人应当具备下列条件:有符合国家规定的注册资本;有与其从事的建筑活动相适应的具有法定执业资格的专业技术人员;有从事相关建筑活动所应有的技术装备;法律法规规定的其他条件。承包人按照其拥有的注册资本、专业技术人员、技术装备和完成的建设工程业绩等资质条件,划分为不同的资质等级,经资质审查合格,取得相应等级的资质证书后,方可在其资质等级许可的范围内从事建筑活动。自然人、个人不能成为建设工程合同的当事人。

(2)合同标的的特殊性。尽管勘察合同和设计合同的工作成果并不直接体现为建设工程项目,但它们是整个工程建设中不可缺少的环节。就建设工程合同的总体来看,其标的只能是建设工程而不能是一般的加工定作产品。建设工程是指土木工程、建筑工程、线路管道和设备安装工程以及装修工程等固定资产投资的新建、扩建、改建以及技术改造等建设项目。其中的大中型建设工程项目又称为基本建设工程项目。建设工程具有产品的固定性、单一性和工作的流动性。这也决定了建设工程合同标的的特殊性。

(3)合同履行期限的长期性。建设工程由于结构复杂、体积大、建筑材料类型多、工程量大,与一般工业产品的生产相比,它的合同履行期限都较长;由于建设工程投资多、风险大,建设工程合同的订立和履行一般都需要较长的准备期;在合同的履行过程中,还可能因为不可抗力、工程变更、材料供应不及时等因素导致合同期限顺延。所有这些情况,决定了建设工程合同的履行期限具有长期性。

(4)合同的订立和履行的行政性。建设工程合同的订立要符合国家基本建设程序。国家重大建设工程合同应当按照国家规定的程序和国家批准的投资计划、可行性研究报告等文件订立。只有这样,才能使基本建设布局合理、符合国家产业方向、避免重复投资的浪费。《中华人民共和国建筑法》还规定,建设工程合同的订立要采取招标投标的方式,并且开标、评标和定标都要接受有关行政主管部门的监督。建设工程必须发包给具有相应资质条件的承包人,承包人不得超越资质等级承包工程,否则将受到行政处罚。在合同履行过程中,严格禁止转包和违法分包;施工人在施工中不得偷工减料,不得使用不合格的建筑材料、建筑配件和设备,也不得擅自改变工程设计图纸或者施工技术标准。有关行政主管部门有权对违反法律规定的行为给予行政处罚。

(5)建设工程合同为要式合同。建设工程合同应当采用书面形式,这是国家对建设工程进行监督管理的需要,也是由建设工程合同履行的特点所决定的。建设工程合同一般具有合同标的数额大、合同内容复杂、履行期限较长等特点,考虑到建设工程的重要性和复杂性,以及在建设过程中经常会发生影响合同履行的纠纷。因此,《合同法》第二百七十条规定:建设工程合同应当采用书面形式。

## 二、建设工程合同的种类

根据不同标准可以对建设工程合同进行不同的划分。

### (一)以建设工程的环节和阶段为标准划分

以建设工程的环节和阶段为标准,可以将建设工程合同划分为建设工程勘察合同、建设工程设计合同与建设工程施工合同。

(1)建设工程勘察合同。建设工程勘察合同,是勘察人进行工程勘察、发包人支付价款的合同。发包人也称建设工程勘察合同的委托人,是工程建设项目的业主或建设单位或项目法人。勘察人是持有勘察证书的勘察单位。勘察人依据工程建设目标,通过对地形、地质及水文等要素进行测绘、勘察、测试及综合分析评定,查明建设场地和有关范围内的地质地理环境特征,提供建设所需要的勘察成果资料。所以,建设工程勘察合同的标的是进行勘察工作,为建设提供所需要的勘察成果❶。

勘察是工程建设的第一个环节,也是保证建设工程质量的基础环节,任何建设工程都必须重视工程勘察。

(2)建设工程设计合同。建设工程设计合同,是设计人进行工程设计、发包人支付价款的合同。建设工程设计合同的发包人也称为委托人,是工程建设项目的业主或建设单位或项目法人。设计人是持有设计证书的设计单位。设计人依据工程建设目标,运用工程技术和经济方法,对建设工程的工艺、土木、建筑、公用、环境等系统按现行技术标准进行综合策划、论证,编制建设所需要的设计文件,提供作为建设工程依据的设计文件和图纸。设计人必须取得相应等级的资质证书,并在资质等级许可的范围内从事建筑设计活动;设计人必须经过有关主管部门的许可和资格审查。没有经过国家资格审查、不拥有设计证书的单位,不能作为建设工程设计合同的当事人。

建设工程设计合同的标的为建设工程的设计活动,最终为建设单位提供设计图纸和方案等设计成果。工程设计是工程建设的第二个环节,是保证建设工程质量的重要环节。

(3)建设工程施工合同。建设工程施工合同,是施工人进行工程建设施工、发包人支付价款的合同。建设工程施工合同的发包人是工程建设项目的业主或建设单位或项目法人。施工人是有一定生产能力、机械装备、流动资金,具有完成建筑工程施工任务的营业资格,能够按照发包人的要求提供建筑产品的企业。按照提供建筑产品的不同,可分为普通建筑企业和水电、冶金、市政工程等专业公司。施工人应该具有相应等级的资质证书,

---

❶ 罗福午.土木工程(专业)概论[M].武汉:武汉理工大学出版社,2001.

并在资质等级许可的范围内从事建筑活动。根据原建设部发布的《建筑施工企业资质等级标准》，从事通用工业与民用建筑施工的企业分为建筑、设备安装、机械施工三类，其中建筑企业分为四级。根据原建设部发布的《建筑市场管理规定》，建筑安装工程承包合同的发包方可以是法人，也可以是依法成立的其他组织或公民；而承包方须是持有营业执照、资质证书、开户银行资信证明等文件的法人。

建设工程施工合同的施工人进行工程建设施工活动，最终向发包人交付验收合格的建筑安装工程项目。一项建设工程最终的质量如何，在很大程度上取决于施工人的建筑安装技术水平和管理水平，也与是否遵守《合同法》《建筑法》等保证建筑工程质量的重要法律法规有重要关系。

**（二）以建设工程合同的内容为标准划分**

以建设工程合同的内容为标准，可以将建设工程合同划分为总承建合同与分承建合同。

（1）总承建合同。指发包人与承包人签订的由承包人承建整个工程的合同。总承建合同的内容包括工程勘察、设计和施工的全部内容。在总承建合同下，发包人和承包人分别只有一人，承包人对工程的勘察、设计、施工负全部责任。

（2）分承建合同。指承包人就建设工程的勘察、设计、施工任务分别与勘察人、设计人、施工人订立的合同。分承建合同也称为专业承包合同，其内容仅包括勘察、设计、施工中的一项或两项，不包括全部三项。在分承建合同下，承包人分别与勘察人、设计人、施工人发生关系，发包方是一方，但有两个或者两个以上承包方。勘察人、设计人、施工人之间相互独立，各自就自己所要完成的工作分别向发包人负责。

《合同法》第二百七十二条第 1 款规定：发包人可以与承包人订立建设工程合同，也可以分别与勘察人、设计人、施工人订立勘察、设计、施工承包合同。可见，总承建合同与分承建合同都是法律所允许的。但是在签订分承建合同时，一定要根据勘察、设计和施工内容来划分承建合同的内容，不得任意划分、肢解建设工程。《合同法》第二百七十二条同时规定：发包人不得将应当由一个承包人完成的建设工程肢解成若干部分发包给几个承包人。对此，《建筑法》第二十四条也做了规定：提倡对建筑工程实行总承包，禁止将建筑工程肢解发包。建筑工程的发包单位可以将建筑工程的勘察、设计、施工、设备采购一并发包给一个工程总承包单位，也可以将建筑工程勘察、设计、施工、设备采购的一项或者多项发包给一个工程总承包单位；但是，不得将应当由一个承包单位完成的建筑工程肢解成若干部分发包给几个承包单位。

**（三）以建设工程合同当事人间的联结关系为标准划分**

以建设工程合同当事人间的联结关系为标准，可以将建设工程合同划分为总包合同与分包合同。

（1）总包合同。指发包人与总承包人或某一勘察人、设计人、施工人就完成其所承包的建设工程的全部工作所订立的合同。总包合同的一种特殊形式是联合共同承包，就是由两个以上的承包单位联合共同承包一项建设工程，联合起来的各方在总包合同中共同属于承包人，对承包合同的履行承担连带责任，但建设工程合同的承包人仍然是一方。联合共同承包合同只适用于大型建设工程或结构复杂的建设工程。为了防止低资质企业通过联合方式承包需要较高资质的建设工程项目的投机行为,《建筑法》规定不同资质等级的单位实行联合共同承包的,应当按照资质等级低的单位的业务许可范围承揽工程。

(2)分包合同。指总承包人或勘察人、设计人、施工人将其承包的建设工程任务的部分工作再分包给他人完成所订立的合同。《合同法》第二百七十二条第2款规定:总承包人或者勘察人、设计人、施工人经发包人同意,可以将自己承包的部分工作交由第三人完成。可见,法律允许将工程项目分包。但分包应该符合法律规定,主要表现在以下几个方面:①分包必须经发包人同意,没有取得发包人同意,总承包人或勘察人、设计人、施工人不得将自己承包的部分工作交由第三人完成。②分包不同于转包,法律绝对禁止转包,承包人不得将其承包的全部建设工程转包给第三人或者将其承包的全部建设工程肢解以后以分包的名义分别转包给第三人。③承包人分包出去的部分工作不能是建设工程的主体结构的施工工作,建设工程的主体结构的施工必须由承包人自行完成。国家计划委员会发布的《国家基本建设大中型项目实行招标投标的暂行规定》规定:主体工程不得分包。合同分包量不得超过中标合同价的30%。④分包人必须具备相应的资质条件,不得将工程分包给不具备相应资质条件的单位。⑤分包只能发生一次,分包单位不得将其承包的工程再分包,形成层层分包。⑥在合法的分包合同下,分包人就其完成的工作成果与总承包人或勘察人、设计人、施工人向发包人承担连带责任。分包人不能履行或不适当履行其分包合同时,发包人有权要求总承包人承担全部责任;总承包人承担责任后享有向分包人追究其应承担的责任的权利;发包人也可以要求分包人承担责任。

## 三、建设工程合同的订立

### (一)建设工程的招标投标

《合同法》第二百七十一条规定:建设工程的招标投标活动,应当依照有关法律的规定公开、公平、公正进行。采用招标投标方式进行建设工程的发包与承包,最显著的特征是将竞争机制引入建设工程的发包与承包活动之中。

### (二)订立建设工程合同的程序

《合同法》第二百七十三条规定:国家重大建设工程合同,应当按照国家规定的程序和国家批准的投资计划、可行性研究报告等文件订立。国家为了严格控制投资规模,使基本建设布局合理,避免重复投资,贯彻国家产业政策,对基本建设规定了较严格的程序。只有按照国家规定的审批权限和程序确定的基本建设项目,才能订立建设工程合同及进行设计和开工建设。所以,订立建设工程合同必须遵守基本建设程序。我国的基本建设程序如下:

(1)立项。建设工程项目的确定,先要立项,即要由有关业务主管部门和建设单位提出项目建议书,报给国家有关机关批准。项目建议书获得批准,即为正式立项。

(2)编报可行性研究报告。立项以后,要进行可行性研究,对所要进行建设的基本建设项目加以全面系统地调查研究,在此基础上编制可行性研究报告,提出是否具有可行性的初步结论,并将可行性研究报告上报审批。经过批准的可行性研究报告是确定建设项目、编制设计文件的依据。

(3)编制计划任务书,选定建设地点。计划任务书是确定基本建设项目、编制设计文件的主要依据。选定建设地点,由主管部门组织勘察设计单位和所在地有关单位共同进行,提出选点报告。计划任务书应依法报批。

(4)编制设计文件,提出概预算。在计划任务书批准以后,就可以根据该计划任务书签订勘察合同、设计合同。根据勘察合同,勘察人进行勘察,对地形、地质及水文等要素进行测绘、勘察、测试及综合分析评定,查明建设场地和有关范围内的地质地理环境特征,提供建设所需要的勘察成果资料。根据设计合同,设计人运用技术经济方法,对建设工程的工艺、土木、建筑、公用、环境等系统进行综合策划、论证,编制建设所需要的设计文件。设计文件就是设计人根据已被批准的计划任务书和选点报告规定的内容所设计的由文字说明和图纸组成的建设方案,是安排建设项目和组织施工的主要依据。概预算是计算基本建设费用、控制建设项目投资的主要依据。概预算应该由设计人在提交设计文件时同时提出。

(5)签订建设工程施工合同。勘察设计合同履行后,根据批准的初步设计、技术设计、施工图和总概算等签订建设工程施工合同。

(6)编制年度计划,组织施工。初步设计和概预算经批准后,建设项目才能列入国家年度计划。所以,先编制年度计划,并按规定程序报批后,才能组织施工。施工要严格按设计内容来进行;否则,施工人应承担相应的责任。

(7)竣工验收,交付使用。这是鉴定工程质量、办理工程移交手续的阶段。竣工项目经验收合格的,办理竣工手续,交付使用。

基本建设工程项目合同的订立和履行,必须遵守上述基本建设程序。

**(三)建设工程合同内容**

《合同法》第二百七十四条规定:勘察、设计合同的内容包括提交有关基础资料和文件(包括概预算)的期限、质量要求、费用以及其他协作条款。

《合同法》第二百七十五条规定:施工合同的内容包括工程范围、建设工期、中间交工工程的开工时间和竣工时间、工程质量、工程造价、技术资料交付时间、材料和设备供应责任、拨款和结算、竣工验收、质量保修范围和质量保证期、双方相互协作等条款。

## 四、建设工程的联合共同承包、带资承包、转包和挂靠

**(一)联合共同承包**

在国际工程承包中,由几个承包方组成联营体进行工程承包是一种通行的做法。一般适用于大型、技术复杂的工程项目。在我国一些大型工程建设上,也开始采用这种承包方式。

1.联合共同承包的概念

联合共同承包是指由两个或两个以上单位共同组成非法人的联合体,以该联合体的名义承包某项建设工程的承包方式。这种联合共同承包方式类似于我国民法中规定的联营,即指两个或两个以上的企业之间、企业与事业单位之间,在平等自愿的基础上,为实现一定的经济目的而实行联合的一种形式。包括法人型联营、合伙型联营、协作型联营。《建筑法》第二十七条规定:大型建筑工程或者结构复杂的建筑工程,可以由两个以上的承包单位联合共同承包。共同承包的各方对承包合同的履行承担连带责任。两个以上不

同资质等级的单位实行联合共同承包的,应当按照资质等级低的单位的业务许可范围承揽工程。

2.联合共同承包的特点

(1)采用联合共同承包方式承包工程,可以利用各个承包单位的优势,加强人员、技术、设备等方面优势组合和资源的优化,增强竞争的优势,减弱相互之间的竞争,增加中标的机会。也能够发挥联合体各方的优势,有利于建设项目的进度控制、投资控制、质量控制。

(2)采用联合共同承包方式承包工程,可以降低风险,争取更大的利润。一般来说,大型建筑工程或者结构复杂的建筑工程,标的金额较大,而承包的工程利润越大也就意味着风险越大,采用联合共同承包方式承包工程,既可共享利润,又可以共担风险。

(3)采用联合共同承包方式承包工程,有助于承包单位相互学习,更好地掌握联合体各方的工程管理方式和管理经验,为企业改进技术、增强管理经验积蓄力量,为企业谋求长远的发展。

(4)采用联合共同承包方式承包工程。对业主来说,不仅可以降低投资成本,同时风险也较低。一旦出现违约事件,由于联合共同承包各方负有连带责任,可以向任何一方要求赔偿。

3.对联合共同承包方式的规范

(1)进行联合共同承包的工程项目必须是大型建设工程或者结构复杂的建设工程。这是因为,一般的中、小型建设工程或结构不复杂的工程由一家承包单位就足以顺利完成,而无须采用联合承包的方式,这样可有效避免由于联合承包方式过多而造成的资质管理上的混乱。

(2)共同承包的各方对承包合同承担连带责任。一般情况下,联合承包各方要签订联合承包合同,明确各方在承包合同中的权利、义务以及相互协作、违约责任的承担等条款,并推选出承包代表人同发包人签订工程承包合同。对工程承包合同的履行,各承包方共同对发包人承担连带责任。这种联合承包方式,联营各方都应共担风险、共负盈亏,联合承包合同中不能规定只分享利润而不承担责任的条款。

(3)联合承包方的资质要求,应以资质等级低的业务许可范围承揽工程。根据规定,企业应当在资质等级范围内承包工程。这条规定同样适用于联合承包。也就是说,联合承包各方本身必须具有与其所承包的工程相符合的资质条件,不能超越其资质等级去联合承包,几家联合承包方资质等级不一致的,必须以低资质等级的承包方为联合承包方的业务许可范围。这样的规定,可有效地避免在实践中以联合承包方式为借口"资质挂靠"的不规范行为。

**(二)带资承包**

1.带资承包的概述

带资承包也称"垫资",是指在工程建设中,发包方不需支付费用,全部费用都由承包方预先垫付的承包方式。

2.禁止在工程建设中带资承包的规定

(1)各级计划部门把好工程建设项目立项和决策审批关,对资金来源不落实、资金到位无保障的建设项目不予审批立项,更不得批准开工;对拖欠施工单位工程款和建材、设备生产企业贷款的建设单位,不能批准上新的建设项目。

（2）各级审计等机构严格审查建设项目开工前和年度计划中资金来源,据实出具资金证明。

（3）各级建设行政主管部门加强对工程建设实施阶段有关环节的管理,在严格查验计划部门的立项和决策批文及有关机构出具的资金到位的文件后,方可办理工程施工的有关手续。对用于建筑安装施工的年度建设资金到位率不足30%的工程项目,有关部门不得进行招标、议标,不予发放施工许可证。

（4）任何建设单位都不得以要求施工单位带资承包作为招标投标条件,更不得强行要求施工单位将此内容写入工程承包合同。违者取消其工程招标资格,并给予经济处罚。对于在工程建设过程中出现的资金短缺,应由建设单位自行筹集解决,不得要求施工单位垫款施工。建设单位不能按期结算工程款,且后续建设资金到位无望的,施工单位有权按合同中止施工,由此造成的损失均由建设单位按合同承担责任。

（5）施工单位不得以带资承包作为竞争手段承揽工程,也不得用拖欠建材和设备生产厂家贷款的方法转嫁由此造成的资金缺口。违者要给予经济处罚,情节严重的,在一定时期内取消其工程投标资格。今后由于施工单位带资承包而出现的工程款回收困难等问题,由其按合同自行承担有关责任。

（6）外商投资建筑业企业依据我国有关规定,在我国境内带资承包工程,可不受有关限制,但各级计划、财政和建设行政主管部门要加强监督管理。

**（三）转包**

转包是当前建筑市场存在的严重问题。正确认识转包的法律性质,有助于净化建筑市场,维护当事人的合法权益。

**1.转包的定义**

《建设工程质量管理条例》规定:转包是指承包单位承包建设工程后,不履行合同约定的责任和义务,将其承包的全部建设工程转给他人或者将其承包的全部建设工程肢解以后,以分包的名义分别转给其他单位承包的行为。

**2.转包的法律性质**

转包行为主要是指在工程建设中,承包单位不履行承包合同规定的职责,将所承包的工程一并转包给其他单位,只收取管理费,对工程不承担任何经济、技术及管理责任的行为。转包特别是层层转包,层层盘剥工程费用,最后势必将因费用不足而导致偷工减料,引起工程质量的低劣;转包还易使工程最终由不符合资质条件的低素质队伍承接,导致质量、安全事故的发生或留下隐患;转包还易产生行贿受贿等腐败现象,干扰建筑市场的正常秩序。由于工程转包可能造成的恶果,因此我国《建筑法》第二十八条明文禁止:禁止承包单位将其承包的全部建筑工程转包给他人,禁止承包单位将其承包的全部工程肢解以后以分包的名义分别转包给他人。

**3.转包的表现形式**

从《建筑法》的规定来看,承包单位转包的主要表现形式:承包单位承接工程后,将所承包的工程全部转包。承包单位承接工程后,将全部工程肢解后以分包的名义转包,包括将工程的主要部分或群体工程中半数以上的单位工程转给其他施工单位施工的。承包单位层层转包。分包单位对分包的工程又全部转包。在发承包过程中,强行指定不合格的承包单位承包,也是造成转包的重要原因。我国《建筑法》做出禁止转包的规定,既符合我国的实际情况,也与国际通行做法相一致。

4.转包的法律后果

由于转包行为严重违法,转包合同依法无效。转包合同的发包方应当向建设单位承担不亲自履行合同义务的违约责任,支付违约金;如果造成建设单位经济损失的,由转包合同的发包方和承包方按《建筑法》的规定,向建设单位承担连带赔偿责任。另外,转包合同的发包方应对其违法行为承担行政处罚的法律责任。

实践中,非法转包的当事人往往规避法律,以合法形式实施转包。如何通过承包合同签订人与实际施工的施工队伍的关系,认定是否属于转包,十分复杂。而有关的法律法规以及其他规范性文件对转包的认定规定得过于笼统,可操作性较差。建设行政主管部门应当加强对转包问题的调查、研究,制定出更为切实可行的规定,以便为打击转包行为提供详细、准确的法律依据。

**(四) 挂靠**

1.挂靠的含义

所谓挂靠,是指在工程建设活动中,承包人以盈利为目的,以某一承包单位的名义承揽建设工程任务的行为。建设工程承包活动中的挂靠一般具有如下特点:

(1)挂靠人没有从事建筑活动的主体资格,或者虽有从事建筑活动的资格,但没有具备与建设项目的要求相适应的资质等级。

(2)被挂靠的单位或企业具有与建设项目的要求相适应的资质等级证书,但缺乏承揽该工程项目的手段和能力。

(3)挂靠人以被挂靠的单位或企业的名义承揽到任务后,通常自行完成工作,并向被挂靠的单位或企业交纳一定数额的"管理费";而该被挂靠的单位或企业也只是以单位或企业的名义代为签订合同及办理各项手续,收取"管理费"而不实施管理,或者所谓"管理"仅仅停留在形式上,不承担技术、质量、经济责任。

2.挂靠的法律性质

《建筑法》第二十六条第 2 款规定:禁止建筑施工企业超越本企业资质等级许可的业务范围或者以任何形式用其他建筑施工企业的名义承揽工程。禁止建筑施工企业以任何形式允许其他单位或者个人使用本企业的资质证书、营业执照,以本企业的名义承揽工程。本条可以理解为是针对挂靠行为而做出的规定。

从行政法的角度而言,挂靠是一种违反行政管理规定,扰乱建筑市场管理秩序,应承受行政处罚的行为,对于这一点,应是较为明确的。而从民法的角度对挂靠行为的性质进行认定,挂靠是一种违反诚实信用原则、具有欺诈性质的无效民事行为。

3.常见的挂靠形式

以挂靠的主体为划分标准,挂靠形式如下:

（1）不具有从事建筑活动资格的公民个人、合伙组织或单位等以具备从事建筑活动资格的施工企业的名义承揽工程。

（2）不具备总包资格的非等级施工企业以等级施工企业的名义承揽工程。

（3）资质等级低的施工企业以资质等级高的施工企业的名义承揽工程。

（4）实力较弱、社会信誉较差的施工企业以实力较强、社会信誉较好的施工企业的名义承揽工程。

（5）外地（含境外）施工企业未依法取得在工程所在地承揽工程的许可而以有权在当地承揽工程的施工企业的名义承揽工程。

以挂靠的外在表现形式为划分标准，挂靠形式如下：

（1）"联营"形式的挂靠，在所谓"联营"合同中，与建设单位签订承包合同的一方只负责以本企业的名义办理投标、签订合同、结算等手续，而不同意承担包括技术、质量、安全、经济等任何责任，只收取固定的"联营"利润，不承担"联营"风险。

（2）"分包"形式的挂靠，在所谓"分包"合同中，发包一方发包的范围与其同建设单位所承包的范围是一致的，由"分包"合同中承包的一方实际履行合同，"分包"合同中对承发包双方的责、权、利的约定与上述"联营"合同中对"联营"双方的责、权、利的约定没有质的区别，至多是将"固定利润"等的文字表现形式改称"管理费"等而已。

（3）"内部承包"形式的挂靠，挂靠的一方是个人，被挂靠的一方就是以其名义与建设单位签订工程承包合同的施工企业；所谓的"内部承包"，是由被挂靠的施工企业自命或聘任挂靠的个人为其职员，并委以职务，然后由该个人与企业再签订"内部承包合同"，由"承包者"承担该项目的人、财、物、施工管理职责，由发包者负责处理"对外事务"，并在此基础上收取"内部承包管理费"，这种形式的挂靠较之其他形式更具隐蔽性，是查处的难点。

以实施挂靠的具体方法为划分标准，挂靠形式如下：

（1）转让或出借资质证书而实施的挂靠。

（2）出借业务介绍信联系业务，使用公章或合同专用章订立合同而实施的挂靠。

（3）通过其他形式实施的挂靠。

4.挂靠的法律后果

《建筑法》第六十六条规定：建筑施工企业转让、出借资质证书或者以其他方式允许他人以本企业的名义承揽工程的，责令改正，没收违法所得，并处罚款，可以责令停业整顿，降低资质等级；情节严重的，吊销资质证书。本条可以理解为挂靠当事人应当承受行政处罚。

此外，挂靠当事人依法应当对如下法律后果承担民事法律责任：

（1）挂靠当事人之间所订立的挂靠协议无效。双方应分别承担过错责任。

（2）根据《建筑法》及有关司法解释的规定，被挂靠的施工企业与建设单位所订立的建筑安装工程承包合同无效。该施工单位与使用其名义承揽工程的单位或个人对建设单位因此而遭受的损失承担连带赔偿责任签订合同，则建设单位也有过错，自行承担相应的过错责任。

# 第三节　市政工程项目招标

## 一、工程项目招标概述

### (一)建设工程招标的概念

建设工程招标是指建设单位(或业主)就拟建的工程发布通告,用法定方式吸引建设项目的承包单位参加竞争,进而通过法定程序从中选择条件优越者来完成工程建设任务的法律行为。而市政工程作为建设工程其中的一类,也必须遵循国家对建设工程招标的强制性规定。

工程招标投标是在市场经济条件下进行工程建设活动的一种主要的竞争形式。建设工程招标投标是以工程勘察、设计为对象,在招标人和若干个投标人之间进行的交易方式。招标人通过招标活动来选择条件优越者,使其力争用最优的技术、最佳的质量、最合理的价格和最短的周期完成工程项目任务。投标人也通过这种方式选择项目和招标人,以使自己获得更丰厚的利润。

### (二)建设工程招标的分类

《合同法》把建设工程招标分为工程勘察招标、工程设计招标、工程施工招标及建设项目总承包招标等。

工程勘察、设计招标是指招标单位就拟建工程的勘察和设计任务发布通告,以法定方式吸引勘察单位或设计单位参加竞争,经招标单位审查获得投标资格的勘察、设计单位,按照招标文件的要求,在规定时间内向招标单位填报投标书,招标单位从中择优确定中标单位完成工程勘察或设计任务。

工程施工招标则是针对工程施工阶段的全部工作开展的招标,根据工程施工范围的大小及专业不同,可分为全部工程招标、单项工程招标和专业工程招标等。

建设项目总承包招标又叫建设项目全过程招标,亦称"交钥匙"工程招标。它是指对建设项目从可行性研究、勘察、设计、设备材料询价与采购、工程施工直至竣工投产、交付使用全面实行招标。工程总承包单位根据建设单位(业主)所提出的工程要求,对可行性研究、勘察、设计、设备询价选购、材料订货、工程施工、职工培训、试生产、竣工投产等实行全面报价投标。

### (三)建设工程招标的范围

关于建设工程招标的范围,《中华人民共和国招标投标法》(简称《招标投标法》)第三条指出,在中华人民共和国境内进行下列工程建设项目包括项目的勘察、设计、施工、监理,以及与工程建设有关的重要设备、材料等的采购,必须进行招标:

(1)大型基础设施、公用事业等关系社会公共利益、公众安全的项目。

(2)全部或者部分使用国有资金投资或者国家融资的项目。

(3)使用国际组织或者外国政府贷款、援助资金的项目。

按照住房和城乡建设部的有关规定,凡政府和公有制企事业单位投资的新建、改建、扩建和技术改造工程项目的施工,除某些不适宜招标的特殊工程外,均应实行招标投标。

凡具备条件的建设单位和相应资质的施工企业均可参加施工招标投标。施工招标可采用项目的全部工程招标、单位工程招标、特殊专业工程招标,但不得对单位工程的分部、分项工程进行招标。对于涉及国家安全、国家秘密、抢险救灾或者属于利用扶贫资金实行以工代赈、需要使用农民工等特殊情况,不适宜进行招标的项目,按照国家有关规定可以不进行招标。

关于建设工程招标具体范围和规模的确定,需要考虑的因素是多方面的。如工程资产的性质和归属,工程规模对社会的影响,工程运作的特殊要求以及实行招标投标的经济性和可操作性等;此外,我国幅员广阔,各地发展很不平衡,情况十分复杂,因此要想划分出一个有较强适应性的具体范围是很困难的。目前,全国各地方关于建设工程招标范围都有各自具体的规定。地方确定的建设工程招标具体范围,为国家制定统一的范围奠定了基础❶。只要是在我国境内进行的招标投标活动,都必须遵循《招标投标法》中规定的程序,但该法有许多条文是针对强制招标而言的,不适用于当事人自愿招标的情况,自愿招标的选择余地更为灵活。

**(四)建设工程招标的方式**

建设工程的招标方式包括公开招标和邀请招标。

(1)公开招标是指招标人通过报刊、广播或电视等公共传播媒介介绍、发布招标公告或信息而进行招标。它是一种无限制的竞争方式。公开招标的优点是招标人有较大的选择范围,可在众多的投标人中选定报价合理、工期较短、信誉良好的承包商,有助于打破垄断,实行公平竞争。不足之处是参与竞争的投标人越多,每个参加者中标的概率将越小,而且招标工作量大,耗费时间长,招标费用支出也较多。

(2)邀请招标是指招标人以投标邀请书的方式邀请特定的法人或者其他组织投标。招标人采用邀请招标方式的,应当向三个以上具备承担招标项目的能力、资信良好的特定的法人或者其他组织发出投标邀请书。邀请招标可以节省招标费用,提高投标人的中标概率,能够邀请到有经验和资信可靠的投标者投标,保证履行合同,但限制了竞争范围,不能充分展示自由竞争、机会均等的原则精神,可能会失去技术上和报价上有竞争力的投标者,也易于受人为控制。

值得注意的是,议标方式已被取消。这种通过协商的办法确定承包者的方式过去一般用于专业性非常强、紧急工程或不宜公开的工程中,但议标属于非竞争性招标,已不被《招标投标法》认可。两种招标方式各有特色,从不同的角度比较,会得出不同的结论,在实践中各国或国际组织是把自由裁量权交给了招标人,由招标人根据项目的特点,自主决定采用公开或邀请方式,只要不违反法律规定,最大限度地实现了"公开、公平、公正"即可,例如,《欧盟采购指令》规定,如果采购金额达到法定招标限额,采购单位有权在公开招标和邀请招标中自由选择。实际上,邀请招标在欧盟各国运用得非常广。世界贸易组织《政府采购协议》也对这两种方式采取了未置可否的态度。但是,世界银行《采购指南》却把国际竞争性招标(公开招标)作为最能充分实现资金的经济和效率要求的方式,要求借款国以此作为最基本的采购方式,只有在国际竞争性招标不是最经济和有效的情况下,

❶ 夏永旭.现代公路隧道发展概述[J].交通建设与管理,2006(12):66-68.

才可采用其他方式。而我国有关法规规定的议标采购方法，实际上相当于国际采购法律中的竞争性谈判和非竞争性谈判采购程序，尽管《招标投标法》没有纳入议标采购方法，它的使用受到限制，但作为被国外绝大多数的政府采购法而言，它的适用条件一般包括以下几种特殊情况：①招标失败；②采购标的的规格无法确定；③研究和开发合同；④采购标的来源单一；⑤紧急采购时效的需要；⑥附加合同；⑦重复合同；⑧设计竞赛。

### (五) 建设工程招标的意义

建设工程招标投标制是我国建筑业和固定资产投资管理体制改革的主要内容之一，也是我国建筑市场规范化、完善化的重要举措之一。建设工程招标投标制的推行，使建设任务的发包从计划经济条件下的以行政计划分配为主转变到如今市场经济条件下的以投标竞争为主，使我国承发包方式发生了质的变化。推行建设工程招标投标制，其意义主要表现如下：

(1) 有利于打破垄断，开展竞争，促进企业转变经营机制，提高企业的管理水平。

(2) 促进建设工程按程序和客观规律办事，克服建筑市场的混乱现象，保证承发包工作的公开、公平和公正。

(3) 建设工程实行招标投标制，可以确保和提高工程质量，缩短建设工期，降低工程造价。

(4) 促进经济体制的改革和市场经济体制的建立，完善和进一步规范建筑市场。

(5) 依照 WTO 的规则促进我国建筑企业进入国际市场，与国际惯例真正接轨。

## 二、建设工程施工招标程序

建设工程施工招标程序是指在工程施工招标活动中，按照一定的时间、空间顺序运作的次序、步骤、方式。由于公开招标是程序最为完整、规范、典型的招标方式，因此掌握公开招标的程序，对于承揽工程任务，签订相关合同具有重要的典型和示范意义。建设工程施工公开招标的程序，共有 15 个环节。

### (一) 建设工程项目报建

建设工程项目报建是建设工程招标投标的重要条件之一。它是指工程项目建设单位或个人，在工程项目确立后的一定期限内向建设行政主管部门(建设工程招标投标管理机构)申报工程项目，办理项目登记手续。凡未报建的工程建设项目，不得办理招标投标手续和发放施工许可证，施工单位不得承接该项目的施工任务。

(1) 建设工程项目报建范围各类房屋建筑、土木工程、设备安装、管道线路敷设、装饰装修等新建、扩建、改建、迁建、恢复建设的基本建设及技改项目。属于招标范围的工程项目都必须报建。

(2) 建设工程项目报建内容主要包括工程名称、建设地点、建设内容、投资规模、资金来源、当年投资额、工程规模、结构类型、发包方式、计划开工竣工日期、工程筹建情况等。

(3) 办理工程项目报建时应交验的文件资料包括：立项批准文件或年度投资计划，固定资产投资许可证，建设工程规划许可证，资金证明。

### (二) 审查建设项目和建设单位资质

按照国家有关规定，建设项目必须具备以下条件，方可进行工程施工招标：

（1）概算已经批准。

（2）建设项目已正式列入国家、部门或地方的年度固定资产投资计划。

（3）建设用地的征用工作已经完成。

（4）有能够满足施工需要的施工图纸及技术资料。

（5）建设资金和主要建筑材料、设备的来源已经落实。

（6）已经建设项目所在地规划部门批准，施工现场的"三通一平"已经完成或一并列入施工招标范围。

建设单位应具备的基本条件如下：

（1）是法人或依法成立的其他组织。

（2）有与招标工程相适应的经济、技术管理人员。

（3）有组织编制招标文件的能力。

（4）有审查投标单位资质的能力。

（5）有组织开标、评标、定标的能力。

上述五条中，（1）、（2）两条是对单位资格的规定，后三条则是对招标人能力的要求。

不具备上述（2）~（5）项条件的建设单位，需委托具有相应资质的咨询、监理等招标代理机构代理招标，建设单位与代理机构签订委托代理招标的协议，并报招标管理机构备案。

### （三）招标申请

招标申请书是招标单位向政府主管机关提交的要求开始组织招标、办理招标事宜的一种文书。招标单位进行招标，要向招标投标管理机构申报招标申请书，填写"建设工程施工招标申请表"，凡招标单位有上级主管部门的，需经该主管部门批准同意后，连同"工程建设项目报建登记表"报招标管理机构审批。主要包括以下内容：工程名称、建设地点、招标工程建设规模、结构类型、招标范围、招标方式、要求施工企业等级、施工前期准备情况（土地征用、拆迁情况、勘察设计情况、施工现场条件等）、招标机构组织情况等。招标申请书批准后，就可以编制资格预审文件和招标文件。

### （四）资格预审文件、招标文件编制与送审

公开招标采用资格预审时，只有资格预审合格的施工单位才可以参加投标；不采用资格预审的公开招标应进行资格后审，即在开标后进行资格审查。资格预审文件是招标单位根据招标项目本身的要求，单方面阐述自己对资格审查的条件和具体要求的书面表达形式。

招标文件是招标单位根据招标项目的特点和需要，单方面阐述招标条件和具体要求的意思表示，是招标人确定、修改和解释有关招标事项的书面表达形式。招标文件是招标活动中最重要的文件之一。

资格预审文件和招标文件需报招标管理机构审查，审查同意后可刊登资格预审通告、招标通告。

### （五）工程标底价格的编制

1.标底的概念与内容

标底是指由招标单位自行编制或委托具有编制标底资格和能力的代理机构代理编

制,并按规定报经审定的招标工程的预期价格。它主要反映招标单位对工程质量、工期、造价等的预期控制要求。在建设工程招标投标中有强调要弱化标底的作用的趋势,各地做法也不宜完全统一,标底的编制仍十分重要。

标底是衡量投标单位报价的尺度,能由此判断投标者所投报价的合理性、可靠性;是评标的重要指标,否则评标就可能会盲目,没有依据;使建设单位预先明确招标工程的投资额度,并据此筹措和安排建设资金;为上级主管部门提供核实建设规模的依据。标底组成的主要内容:标底的综合编制说明;标底价格审定书、标底价格计算书、带有价格的工程量清单、现场因素、各种施工措施费的测算明细及采用固定价格工程的风险系数测算明细等;主要材料用量;标底附件,如各项交底纪要、各种材料及设备的价格来源以及现场的地质、水文、地上情况的有关资料、编制标底价格所依据的施工方案或施工组织设计等。

2.编制标底的主要程序

主要程序如下:①确定标底的编制单位。②提供以下资料,以便进行标底计算:全套施工图纸及现场地质、水文、地上情况的有关资料;招标文件;定额及相关规范;领取标底价格计算书、报审的有关表格。③参加交底会及现场勘察。标底编、审人员均应参加施工图交底、施工方案交底以及现场勘察、招标预备会,便于标底的编、审工作。④编制标底。应遵守国家法律和政策的公平、有利于市场竞争、合理定价、优质优价、公正、保密的原则。

3.标底的编制方法

(1)工料单价法。具体做法是根据施工图纸及技术说明,按照预算定额规定的分部分项工程子目,逐步计算出工程量,再套用定额单价(或单位估价表)确定直接费,然后按规定的费用定额确定其他直接费、现场经费、间接费、计划利润和税金,还要加上材料调价系数和适当的不可预见费,汇总后即为工程预算,也就是标底的基础。

(2)综合单价法。综合单价法编制标底其各分部分项工程的单价,应包括人工费、材料费、机械使用费、其他直接费、间接费、有关文件规定的调价、利润、税金,以及采用固定价格的风险金等全部费用。综合单价确定后,再与各分部分项工程量相乘汇总,即可得到标底价格。

4.标底的审定

标底的审定是指政府有关主管部门对招标人已完成的标底进行的审查认定。工程施工招标的标底价格应在投标截止日期后、开标之前按规定报招标管理机构审查,招标管理机构在规定时间内完成标底的审定工作,未经审查的标底一律无效。

审定要求如下:①标底审查。应提交的各类文件标底报送招标管理机构审查时,应提交工程施工图纸、方案或施工组织设计、填有单价与合价的工程量清单、标底计算书、标底汇总表、标底审定书、采用固定价格的工程的风险系数测算明细以及现场因素、各种施工措施测算明细、主要材料用量、设备清单等。②标底审定内容。对采用工料单价法编制的标底价格,主要审查标底计价内容、预算内容、预算外费用等内容。对采用综合单价法编制的标底价格,主要审查标底计价内容,工程量清单单价组成分析,设备市场供应价格、措施费、现场因素费用等。③标底的审定时间。标底的审定时间一般在投标截止日后、开标之前。④标底的保密。标底审定完后应及时封存,直至开标。

## (六)刊登资审通告、招标通告

招标申请书和招标文件获得批准后,招标单位就要发布招标公告。我国《招标投标法》指出,招标人采用公开招标方式的,应当发布招标公告。依法必须进行招标项目的招标公告,应当通过国家指定的报刊、信息网络或者其他媒介发布。招标公告应当载明招标人的名称和地址,招标项目的性质、数量、实施地点和时间,以及获取招标文件的办法等事项。建设项目的公开招标应在建设工程交易中心发布信息,同时也可通过报刊、广播、电视等公共传播媒介发布"资格预审通告"或"招标通告"。进行资格预审的,刊登"资格预审通告"。

## (七)资格预审

《招标投标法》第十八条规定:招标人可以根据招标项目本身的要求,在招标公告或者投标邀请书中,要求潜在投标人提供有关资质证明文件和业绩情况,并对潜在投标人进行资格审查;国家对投标人的资格条件有规定的,依照其规定。招标人不得以不合理的条件限制或者排斥潜在投标人,不得对潜在投标人实行歧视待遇。本条规定的是对潜在投标人的资格审查及对资格审查的基本要求。

1.预审程序

在公开招标进行资格预审时,首先,通过对申请单位填报的资格预审文件和资料进行评比和分析,确定出合格申请单位的短名单,将短名单报招标管理机构审查核准。其次,待招标管理机构核准同意后,招标单位向所有合格的申请单位发出资格预审合格通知书。申请单位在收到资格预审合格通知书后,应以书面形式予以确认,在规定的时间领取招标文件、图纸及有关技术资料,并在投标截止日期前递交有效的投标文件。

2.资格预审审查的主要内容

(1)资格预审单位概况:企业简历、人员和机械设备情况。

(2)财务状况。

①基本资料,包括固定资产和流动资产总额及负债总额,近五年平均完成投资额。

②近三年每年完成投资额和本年预计完成的投资额。

③近两年经审计的财务报表(附财务报表)。

④下一年度财务预测报告(附财务预测报告)。

⑤可查到财务信息的开户银行的名称、地址及申请单位的开户银行出具的招标单位可查证的授权书。

(3)拟投入的主要管理人员情况。

(4)拟投入的劳动力和施工机械设备情况。

(5)近三年所承建的工程和在建工程情况一览表。包括建设单位、项目名称与建设地点、结构类型、建设规模、开竣工日期、合同价格、质量要求和达到的标准。

(6)当前和过去两年涉及的诉讼和仲裁情况。

(7)其他情况(各种奖励和处罚等)。

(8)联合体协议书和授权书。

联合体各方均应当具备承担招标项目的相应能力;国家有关规定或者招标文件对投标人资格条件有规定的,联合体各方均应当具备规定的相应资格条件。由同一专业的单位组成的联合体,按照资质等级较低的单位确定资质等级。联合体各方应当签订共同投标协议,明确约定各方拟承担的工作和责任,并将共同投标协议连同投标文件一并提交招标人。联合体中标的,联合体各方应当共同与招标人签订合同,并就中标项目向招标人承担连带责任。

### (八) 发放招标文件

招标单位将招标文件、图纸和有关技术资料发放给通过资格预审获得投标资格的投标单位。不进行资格预审的,发放给愿意参加投标的单位。投标单位收到招标文件、图纸和有关技术资料后,应认真核对,核对无误后应以书面形式予以确认。招标单位在发放招标文件和有关资料时,可收取投标保证金。

招标文件发出后,招标单位不得擅自变更其内容。确需进行必要的澄清、修改或补充,需报招标管理机构审查同意后,在投标截止时间至少 7 日前,以书面形式同时发给所有获得招标文件的投标单位。修改或补充文件作为招标文件的组成部分,对投标单位起约束作用。

投标单位收到招标文件后,若有疑问,或不清的问题需澄清解释,应在收到招标文件后以书面形式向招标单位提出,招标单位应以书面形式或投标预备会形式予以解答。

# 第四节　施工合同管理

建设工程合同是工程项目建设发包方与承包方,就工程项目订立法律关系,明确双方权利与义务的法律文书,是指导工程项目建设双方进行建设工作的重要文件和依据。随着市场经济的逐步成熟,工程合同越来越受到发、承包双方的重视。工程项目由于其自身时间跨度大,涉及部门多等特点,就必须订立详细、全面、约定明确的合同作为工程项目建设活动的指导,才能有效控制、引导工程的顺利进行。本节就施工合同订立中存在的问题进行了详细的分析,并提出了施工合同管理的有效办法。

## 一、施工合同的重要作用

伴随着我国经济的高速发展,建筑业市场逐渐成熟。建设项目发、承包双方的关系也由计划经济下的分配制发展成为现阶段的自由竞争市场行为。施工合同作为项目建设活动中重要的法律文书,其在建设活动中的核心地位逐步树立起来。施工合同作为约束双方行为、保护双方利益的契约,包含了关于项目施工建设的全部内容,确定了发、承包双方的权利与义务,是建设活动参与者的行为规范。同时,施工合同还发挥着处理发、承包双方关系,解决工程建设中的纠纷和争议,纠正建设活动中恶性竞争,提高社会法治水平的作用。加强施工合同的管理,有利于发、承包双方的利益,也是完善市场环境,建立良性竞争建筑业的重要内容。

建设工程施工合同的重要作用还体现在通过合同对项目进行工程全方位、全过程管理等方面。一项工程的开展和实施都涉及大量的部门,管理工程项目不仅仅需要完善的管理制度和优秀的管理人才,更需要科学合理、完善详细的施工合同作为依据。通过施工合同对工程项目的质量、工期、造价等多方面进行约定,使参与各方明确自身责任,合理承担建设活动中可能发生的风险,在双方自愿接受的情况下快速处理纠纷和争议,才能确保全面管理工程项目。所以,施工合同的管理逐渐成为项目管理的核心。

## 二、施工合同管理存在的问题

虽然我国市场经济已经发展多年,建筑业市场竞争也日趋成熟,但由于我国建筑业发展较晚,并且没有完全从计划经济模式中脱离,这就导致了工程项目交易并不规范,在施工合同的管控上也存在许多问题。

### (一)发、承包双方法律观念不强

许多工程项目合同形同虚设,维系发、承包双方关系仅仅依靠长时间的合作或所谓的"朋友"关系。又或者存在合同签订缺乏公平的原则。目前,我国建筑业进入一个买方市场,施工企业数量与可建设的项目不成比例,市场恶性竞争成为主流,建设单位在建筑市场占据优势地位。施工企业为求得工程合同,不惜损失自身利益,合同中存在大量有利于建设方的条款,大多强调建设单位的权利和施工单位的义务,对建设方的约束条款相对较少,风险也由施工方无限承担。

此外,合同管理中还存在使用合同范本不规范的情况。建筑行业行政管理部门为了引导市场的规范化,编制了施工合同范本,基本能够保证发、承包双方的权利和义务对等,维持一个基本的公平原则。但一些工程项目并不使用或是删减使用合同范本,将一方的权利无限扩展,另一方承担无限风险,造成合同签订内容失衡,这并不利于工程项目的开展,建设单位虽然在合同中获得了大量的有利条款,但施工单位一旦发现自身利益受到严重侵害,便会通过偷工减料、非法转包或者直接违约撤场的方式来减少自身损失。正是由于对于施工合同签订的忽略,多年来,施工合同履约率较低,违背合同拆解工程项目进行非法发包或转包的情况屡有发生,合同价款拨付和工程项目索赔等方面常常出现由于合同签订不清,而导致双方的经济利益遭受损失。还有一些项目开工建设后,甚至在竣工后,才进行施工合同的签订,来补全手续,这都是极具风险的做法。一旦发生纠纷,发、承包双方没有能够进行评判权责的法律依据,纠纷长时间不能得到解决,导致工程项目的建设受到影响。

### (二)合同管理制度缺失,风险管控能力差

部分工程项目缺少工程施工合同的管理制度,没有明确的订立审核机制,仅仅由公司内部单一部门进行签署,对合同中所约定事项的合理性不能进行专业的判断。所签订的合同或在法律层面或在专业技术层面有所缺失,一旦工程项目发生纠纷,法律或专业技术任何一方面的缺失都会对工程项目本身和发、承包双方造成损失。另外,随着我国建筑业市场化进程的加深,建筑行业的资源调配由原来政府调控已经向市场调配转化,各生产要素的价格波动也逐渐增多起来。目前,大部分的工程项目发、承包人还并没有建立风险管控思想,仍在以计划经济模式下的工程管理思路指导现阶段的工程项目建设。这就导致施工合同中缺少了了对于风险范围的约定,以及对风险发生时进行调整的约定。使施工合同对抗风险的能力减弱。当风险内容发生时,发、承包双方不能及时、有效和公平地加以解决,处理办法缺少必要的法律依据,这些问题的存在都会对工程项目的建设造成不良的影响。

### (三)施工合同管理人才缺乏,信息化程度低

施工合同的签订与管理是一项涉及部门多、知识面广、技术性强的复杂工作,需要大量的工作经验和实际操作能力。由于工程项目的发、承包人并没有将合同管理作为一个重要管理工作看待,导致合同管理人才缺少,很多项目的合同签订审查和管理都是由其他部门人员兼职,虽然这些专业技术人员在自身领域具有一定的经验和能力,但是在管理施工合同的过程中总会出现由于知识的缺失而忽略施工合同内容的情况,所谓懂技术的忽略法律,懂法律的不清楚技术的情况时有发生。一旦发生纠纷,很可能就因为这一点的忽略,造成重大的损失❶。而且,施工合同的信息化水平较低,并不注重施工合同的系统化和信息化管理,大量纸质合同随意存放,不能形成基于自身公司情况的合同签订经验数据,不能将以往先进的做法进行保留和发扬,也不能将过往的错误进行积累和避免。仅仅认为施工合同只是一纸约定文书,当工程项目结束就失去了作用,因此就采用了粗放式的管理模式,失去了一个通过管理施工合同而提高自身企业管理水平的机会。施工合同管理信息化水平低下,还导致了公司内部对于施工合同的订立效率过低的问题,法务和工程技术部门联络不畅,上下级传递速度较低,不能及时根据市场和技术的变化对施工合同进行修改和补充。

## 三、提高施工合同管理水平的方法

提高施工合同的管理水平,对于确保自身利益,增强公司竞争力都具有极其重要的作用。工程项目建设时间长,涉及范围广,为了避免生产资料价格波动和工程建设技术措施的变化影响工程项目的顺利进行,应在工程实施的前期就做好施工合同的管理工作。实际实施过程中,以施工合同为依据,及时处理和调整工程项目中出现的矛盾和难题,确保工程项目顺利实施。具体方法有以下三点:

(1)认真进行施工合同的签订。首先,要确定工程施工合同的具体范围和工作内容,明确工程项目的组成,了解工程项目的工期要求和质量要求。对于存在多个承包人的工程项目,总包单位要明确管理工作的范围,是否需要提供配合等具体信息。在合同的签订中,要加强法律意识。将工程项目内容以严密的法律语言落实到施工合同上,对于工程项目范围及其涉及的配合问题、分包问题和衔接问题都落实到施工合同中来。要抛弃人情观念,以法治的精神,订立符合公平原则的施工合同。这样才能保证工程项目的顺利进行。

其次,在明确所发包或承包的工程项目范围内,详细制定合同的价款以及合同款项的拨付方式。明确使用计算工程造价的计价模式和依据,避免由于使用不同的计价模式和依据,使得计算结果出现偏差。重点要完善工程价款调整条款的设置,设定合理的风险范围和风险调整方式,确定工程变更导致的工程价款变化的认定程序和调整方式。施工合同关于工程价款的词语设置要清晰,不能产生歧义,避免由于文字的疏漏,产生合同纠纷。另外,要注重工程项目施工期限的确定,由于施工的工期直接影响工程成本,要明确提前奖励和延迟处罚的金额或者计算方式。明确各类违约情况的责任和赔偿方式,协商公平

---

❶ 项贻强,薛静平.悬浮隧道在国内外的研究[J].中外公路,2002,22(6):49-52.

的违约赔偿款计算方式。还要明确各阶段工程价款的拨付,这样可以从经济方面保障工程的顺利进行,发、承包双方要设定款项拨付条件和拨付节点,当工程达到节点并满足所要求的工程质量时,就应该依照合同的要求进行进度款的发放,使工程项目下阶段的施工顺利开展。

(2)对于已经签订的工程施工合同,进行解读和分配任务。一份签订好的施工合同就已经成为某个工程项目的实施依据,对整个项目的开展和推进都起到十分重要的引导和规范作用。因此,需要对施工合同进行分解和解读,明确内部各个部门所负责的事项,树立工程项目建设中一切以施工合同作为指导和依据的思想。将施工合同所约定的特殊事项向实际施工人员进行交底,确保合同履行从最基层做起。深入研究和学习合同,避免实际操作中,由于对施工合同条款不熟悉和不了解,造成不必要的损失。

(3)要时刻依照施工合同所要的工作流程办理,注意留存各个步骤证据,为后期可能发生的违约举证,违约索赔收集证据。建设项目涉及部门多,技术复杂,许多工程技术措施的实施都需要经过建设单位的认可,这就要求承包方必须认真履行施工合同所要求的认证步骤,在发包方的指导和认证下,进行工程的施工,避免后期工程价款计价出现纠纷。

建设工程施工合同的订立和管理是一项十分复杂的系统工程,必须用严肃的态度和法制的精神对待施工合同。施工合同的签订和管理不是应付管理部门或工程开展流程的无用行为,要充分认识施工合同在工程项目的建设过程中的核心作用。只有认真进行施工合同的管理,才能避免后续更多、更复杂的问题。所以,提高公司合同管理意识,加强法制观念,才能在竞争中维护自身的利益,提高企业竞争的能力。虽然我国的施工合同管理工作还不完善,但随着市场化进程的深入,建筑业必将愈发规范,合同管理工作将逐步显现其核心作用。

# 第八章　市政施工技术的实践应用

## 第一节　市政工程施工便道预制技术与应用

### 一、预制技术在建设施工中的应用意义

建设施工便道,一般的是使用钢筋网片浇筑混凝土路面结构,采用地下连续墙的施工工艺完成维护结构,作为施工便道,要求也就比较严格,安全是主要考虑的问题。所以,在传统的施工便道建设的基础上,提出了预制技术:选用预制道路板。

#### (一)环境的保护

传统的施工便道建设方法,施工简单,但是因为是一次性的建设,在每次进行市政工程建设的时候,都要进行现浇便道,便于施工期间交通的运行。在施工完成后,就会产生大量的垃圾,这给环境带来了不利的影响。

#### (二)资源的浪费

主要是在进行地墙施工的时候,需要凿出,挖坑基等,增加了工程量和人工的成本,而且施工便道是属于一次性的,不能进行重复的使用,所以每次都会造成建筑资源的浪费。而预制道路板是提前计算生产好的,可以在市政工程施工中直接投入使用,在施工结束后可以回收,进行后续利用,避免了一次性的资源的浪费。

#### (三)社会发展的要求

当前社会的发展,技术的不断引进和研发,要走社会经济可持续的道路,环保、经济是发展关注的重点,同时提倡绿色发展,要达到环保节能的一个目的,所以施工便道不需要进行改革创新,采用新技术来节约成本,提高经济效益,促进工程建设的发展。

所以,通过以上三点的分析,可以确定,预制技术应用的必然性,是发展的要求,也是建筑的需要。而且在市政工程施工中,会有大型的吊车、起重机,预制技术的应用,还防止了便道的损坏,多方面的完善和进步,达到了环保节能的目的。

### 二、预制技术在市政工程中的实际应用

#### (一)预制技术的概念

对于施工便道的建设,主要是传统的现浇和预制。它们之间的差别,一个是根据现场的组装模板,进行混凝土浇筑,是属于临时一次性的产物,不可以进行第二次使用;另一个是指工厂车间通过模具加工,可进行批量的生产,而且可以反复的使用。根据实际工程的情况,来解释预制道路板的设计与应用:在某城市新建工程挖掘始发段,要在这一施工的操作中,全过程都选择预制道路板,对应的停车场面积 1 700 m²,还有堆放材料的地方再加上便道面积共 6 240 m²。接下来计算预制道路板的相关使用情况,因为工地施工要进行挖土、夯土、

打桩等多种作业,就需要用到利用履带行走的动臂旋转起重机及履带式起重机,取其质量为350 t,其冲击系数为1.3,长8.4 m,宽1.2 m,计算出起重机的一个集中力和分布力,每平方米的荷载为225.7 kN,以此来计算出该道路需要使用的道路板的尺寸。

通过举例说明,在施工便道使用预制道路板,是根据施工现场的实际情况来完成道路板的计算,因为是提前批量生产的,在施工结束后,应再回收,进行下次使用。

### (二)具体的施工方法

传统的现浇便道,是根据现场的模板来进行道路的浇筑。而预制的道路板是可以提前计算生产好的,施工的主要步骤:首先是对道路板进行加工,整平需要施工地点的路基,通过混凝土的垫层,黄沙再次平层;然后是进行道路板的铺设,砂浆抹平;最后是缝隙处理。可以简单分为三个部分:一是前期的处理,二是道路板的铺设,三是后期的完善处理。这个过程最主要的就是缝隙的处理,即嵌缝,要保证道路的质量和安全。

## 三、预制技术实际应用中存在的问题

虽然预制技术为市政工程的施工带来诸多积极作用,但是通过实际情况的操作,还是有一定的问题需要去不断地研究解决,以达到技术的提升和进步。

### (一)缝隙问题

因为道路板是一块一块提前生产好的,所以应用到施工现场,也是通过一块一块拼接的,因此道路板之间会存在缝隙。上述提到在整个施工过程中缝隙的处理是比较重要的环节,进行嵌缝工艺的时候,都是先要用机械来清理缝隙,然后还要用高压的吹风机进行再次清理,最后灌水泥浆完成灌胶,完成了嵌缝才能进入试用。但是大型的市政工程施工时间比较长,所以使用一定的时间后,就会有水渗入,使下面的黄沙找平层流失。

对于这一问题的处理方式:发生这样的问题的时候,必须要采取修补,在进行修补的时候,换取材料,也就是把开始使用的黄沙换成黄沙与水泥混合搅拌之后的材料来找平层,这样的一个换料,使其更加具有稳定性且具备防水功能,减轻了水渗入的损害❶。

### (二)因碾压导致道路板的损坏

对于预制技术,最大的一个作用就是节约成本,可以循环使用。但是在实际操作中,因为工程的施工,伴随着许多重机械、载重车辆。比如,施工中的大型设备:塔吊、升降机、外用吊篮、物料提升机、挖掘机、推土机、装载机、压路机、起重机、运输车辆等,还有小型设备。这些机械车辆的运行,容易导致道路板边缘损坏,一旦损坏就不能进行再次利用了。

这样的问题,不能阻止车辆机械的运行,就需要从道路板本身来出发,经过研究,加强对道路板的保护减轻因重车碾压带来的损坏,主要是对道路板缝隙边缘进行一个包边保护。

### (三)起重机的工作导致的损坏

这一损坏主要是出现在道路板的局部,履带式的起重机最大质量达到了350 t,在它进行直线的行走或者转弯都会对道路板带来一定程度上的损坏。

解决措施:要采取对道路板的保护,在起重机需要转弯的路段,铺上钢板来减少损坏。

上述内容主要是分析了预制技术在市政工程建设施工便道的应用,不可否认,预制道

---

❶ 雷响.市政工程施工中节能绿色环保技术探析[J].价值工程,2019,38(33):11-12.

路板的使用相比较传统的现浇的临时一次性便道,有着很大的利用价值,降低了成本,提高了经济效益,还达到了环保节能的目的,对预制技术的推广使用有着积极的作用。同时也发现了一些实际问题,提出了相对应的解决措施。这为后面的研究提供了经验,同时也要求进一步的研究,进行技术的改进创新。

# 第二节　市政工程桥梁桩基施工技术应用

## 一、市政桥梁桩基施工特点

目前,市政桥梁工程正不断增多,桩基施工一旦出现质量问题,会造成巨大的损失,威胁着桥梁的运行安全,缩短使用寿命。为了保证桩基施工技术能够有效地应用,需要掌握桥梁桩基施工的特点,从而确保桥梁的整体质量。

在桥梁桩基施工中,涉及了多方面的知识,不仅包括了桥梁结构、建筑材料、地基基础、工程机械,还涵盖了工程地质、水文地质、静动测试、土力学等方面的内容,工程的设计人员和施工技术人员不仅需要掌握专业知识,而且对国家建设主管部门出台的相关规范和规程应有所熟悉,以确保桩基施工质量,防止施工事故发生。

在市政桥梁桩基施工中,桩基类型比较多,不同的桩基也具有不同的施工工艺和技术。在桩基施工过程中,施工方应该全面审核设计方案,以确定施工技术的适用范围、优点和缺陷。此外,因为各种因素的影响,在桩基施工技术的应用过程中,一旦出现问题,会使工程项目的整体质量降低,减少桥梁的使用年限。

桩基施工在桥梁工程建设中的重要地位,需合理地设计桩基的承载力,这样就能在发生洪水、地震或者泥石流等灾害时减少经济损失和人员伤亡。另外,桩基施工在桥梁工程的造价较大,因此合理选用施工技术能够在保证施工质量的同时减少工程的整体施工造价。

## 二、市政桥梁桩基施工技术应用

在桥梁工程中,桩基施工技术的应用与桥梁整体强度和安全性能有着直接的影响。施工人员应充分掌握桥梁桩基施工的技术要点,才能满足桥梁施工的规范和设计要求,保证桥梁的整体质量。

### (一)钻孔施工

在开挖灌注桩孔前,为保证桩基定位的准确,施工人员要按照工程相关的规范和设计要求及测量基准点来进行测量放样,将桩孔的中心位置确定好。在施工过程中,施工人员要遵照设计要求修筑钢筋混凝土护壁。在进行钻进作业时,每班次进行对中核对,避免出现移位。在钻进时要保持连续的状态,不能长时间的停钻;钻孔时根据地质情况对钻进速度进行控制,随时对孔内情况进行观察,确保护筒内的水位高度;制作钢筋骨架时要把好质量关,骨架入孔时保持竖直且保证快速。在规划施工现场时,要注意排水系统和冲洗液循环及清渣的设置,确保在进行反循环作业时冲洗液能够保持通畅,以保证污水的彻底排放,将钻渣彻底清除。在冲洗液净化清水钻进过程中,及时清除沉淀池内的钻渣,并在泥浆钻进时适当使用振动筛等装置清除砂渣。

## (二)混凝土的灌注

在进行灌注桩施工时,工作原理是利用泥浆的灌注稳定孔壁,并将泥石渣屑排出孔外,然后放入钢筋骨架,混凝土浇筑完成后成桩。在开始灌注前先检查孔壁和孔底,确保没有积水和残渣,还要对成孔质量进行检查,以保证与施工要求相符。在选择混凝土粗集料时,要保证最大粒径在 3.75 cm 以下;对于细集料应选择级配良好的中砂;按照施工设计要求和规范进行混凝土配比。在混凝土灌注过程中要保持连续性,中途中断浇筑的时间不能超过半小时,整个桩的浇筑时间也不能过长。因为需要在顶部将最上部的浮浆层凿除,所以在混凝土灌注时要使其标高超出设计标高,通常来说,灌注的桩顶高程要比设计高程多出 0.5 m。

## (三)钢筋笼的加工和安装

在钢筋笼的加工过程中,必须严格遵照施工图纸进行,在钢筋进场之后,根据不同的类别与型号将其分别放置。在对钢筋进行检查前,要确保检验工具经过检验合格之后再使用。在钢筋焊接过程中,弯折角度不能超过 40°,两个钢筋的轴线错位在 2 mm 以内。在钢筋笼成形之后,在检验中,质检人员和监理人员应同时在场。在安装钢筋笼时,要检查孔内是否存在残渣或有无塌方情况,才能开始安装。在搬运钢筋笼和吊放时,要注意防止钢筋笼变形。安装时必须对准孔位,顺直地匀速放入孔内。同时,为了避免出现钢筋笼上浮的情况,采用吊筋等材料将钢筋笼固定。

## (四)桩基施工常见问题及预防

一是在市政桥梁桩基施工中,塌孔是一个常见的施工问题,会伴随着孔内水位的异常下降、出渣量增加等现象。一旦发生塌孔,会极大地影响桩基的质量,因而分析塌孔原因十分重要。当发生孔内坍塌时,首先要对坍塌位置和成孔深度进行检查,如成孔深度不大,可以全孔回填黏质混合物到塌孔处以上 1.0~2.0 m 处,然后将钢护筒深埋至不透水层,并进行重新钻孔;如果塌孔严重,就要进行全部回填,等回填物沉积密实之后再进行钻进。二是在混凝土灌注过程中,如果发生卡管事故,就可以利用小型附着式振动器振捣导管中的混凝土,使其下落。当遇到卡管位置比较深时,不宜使用长捣杆冲捣,不然在冲捣之后粗集料下沉而上面的水泥浆无法将导管中的混凝土冲散❶。三是在熔岩底层,由于存在熔岩裂缝或钢护筒底部漏浆等原因而导致漏浆。要预防漏浆的发生,以避免护筒刃角漏浆。如果在接缝处漏浆,可用棉絮将接缝堵塞。如果出现严重的漏水现象,则将钢护筒挖出,进行修理之后再重新埋设。如果因岩溶的裂隙较大、透水性较强而出现漏浆,要增加泥浆的比重,将泥浆的稠度改善并控制钻进的速度。

在市政桥梁施工中,桩基是桥梁结构的基础,桥梁桩基施工必须引起国家相关事业单位的重视。这就要求人们严格遵守施工制度、规范施工过程,不断创新新技术,最大限度地避免桩基施工过程中容易出现的问题,一旦出现问题,要马上采取有效措施,确保桩基施工的工程质量。

---

❶ 王玉岭.市政工程施工现场管理存在的问题与对策[J].价值工程,2019,38(33):35-36.

# 第三节 绿色施工理念在市政工程中的应用

## 一、绿色施工理念概述

在市政工程的施工过程中,很容易对现场的地形地貌、动植物资源及已有建筑造成破坏,而绿色施工理念对工程施工提出了保护环境的要求,需要做好施工前的综合分析,对工程施工过程中容易造成破坏的对象进行保护,降低对周边环境的不利影响。一般在工程施工时,普遍会出现大量的废弃物、噪声、灰尘及有害气体,既会影响到周边环境,也威胁着施工人员的身心健康,所以要格外重视环境保护工作,充分满足绿色施工的要求。

### (一) 公益性及效益型

将绿色施工理念应用到市政工程中,其本质上是服务于大众,整个过程体现出较强的公益性质,相应地也要考虑到效益性。在进行市政工程的绿色施工时,需要最大程度地降低资金浪费,充分体现市政工程的公益性。由于市政工程直接影响到我国人民的正常生活,这就需要对施工工期进行有效控制,防止施工工期过长对我国人民的正常生活造成不利影响。在降水方面,需要按照实际情况进行设计,采用科学的施工方案,做好评审工作,对井点、管径等进行有效运用,使绿色施工任务得以顺利完成。

### (二) 节能环保

在市政工程的施工过程中,普遍都要使用大量的工程资源及能源,想要实现绿色施工的目的,就必须要对工程资源及能源的使用进行控制,最大程度地降低资源及能源的消耗,使市政工程的节能环保效果得到有效提高。同时,需要重视工程施工过程的光排放及声排放,注重对工程施工工期的调整,杜绝进行夜间施工。此外,需要在保障工程质量的基础上,通过绿色施工降低对工程现场的干扰,使工程资源的配置得到优化,有效提高工程资源的利用率。通过对工程材料进行回收利用,不仅能够提高工程施工的节能环保效果,也能够降低工程成本,促进市政工程的可持续发展。

## 二、绿色施工理念在市政工程中的应用策略

### (一) 完善绿色施工管理

将绿色施工理念应用到市政工程中,需要从管理上进行规范化处理,进而充分发挥绿色施工管理的作用,为工程施工提供有力保障。在进行绿色施工管理时,要将其贯彻到工程施工的全过程,充分把握以下几点内容:①从管理制度上对绿色施工理念进行深入了解,构建完善的绿色管理结构,对管理层进行绿色施工念教育,使绿色施工理念得到普及化应用。②制订进行施工规划过程,需要确定绿色施工的具体要求,将其融入工程施工的总体规划,以此确保施工规划的可执行性,突出绿色环保性,并按照实际情况进行绿色施工。③在进行工程施工时,要按照绿色施工的要求进行各环节的绿色施工设计,并针对绿色施工设计的执行情况进行监督和改进。在完成工程施工任务后,需要进行绿色施工

的综合评价,便于及时找出其中存在的问题,进而采取有效对策进行改进❶。

### (二)创新绿色施工手段

为充分发挥绿色施工理念在市政工程中的应用价值,需要对施工手段进行创新,使其能够满足绿色施工的要求。在创新绿色施工手段过程中,其主要内容包括以下几个方面:①为保证工程机械设备的正常使用,需要对其进行统一维护和管理,确定能源消耗的指标,建立相应的奖惩制度,使工程过程的能源消耗得到有效降低。②在进行工程施工时,需要选用绿色环保的材料,完善材料管理制度,最大程度地降低材料的浪费,并提高各类材料的回收利用率,使工程施工过程更加节约和环保。③要严格按照绿色施工理念的要求进行环境保护,尤其要重视施工垃圾、扬尘、噪声等问题,利用先进的施工器材对噪声污染进行控制,使施工人员及周边居民的身心健康得到保障。④对于施工垃圾的问题要从源头上进行处理,对绿色施工材料进行充分利用,防止出现人为的材料浪费现象,做好施工垃圾的统一集中处理。

### (三)增强绿色施工意识

施工人员及管理人员是否具有良好的绿色施工意识,直接影响着绿色施工理念在市政工程中的应用效果,所以要积极加强绿色施工意识的普及教育,使各个部门、各个人员都能够充分认识到绿色施工的重要性,以更好地状态完成工作,充分满足绿色施工的要求。通过对全体员工进行绿色施工理念的普及教育,能够促使所有员工都参与到绿色施工中,积极响应绿色施工的各项要求,使市政工程的绿色施工水平得到有效提高。同时,在进行绿色施工理念的普及教育过程中,既要注重对员工绿色施工意识进行培养,也要完善企业员工的知识结构及技能结构,使其能够熟练掌握有关绿色施工的知识及技能,进而更好地完成绿色施工任务,使市政工程的经济效益及社会效益得到有效提升。

综上所述,将绿色施工理念应用到市政工程,既能够降低对周边环境的不利影响,也能够减少工程资源及材料的浪费,使工程效益得到有效提升,对市政工程的可持续发展有着较好的积极影响作用。为充分发挥绿色施工理念在市政工程中的应用价值,需要积极完善绿色施工管理、创新绿色施工手段、提高绿色施工意识,从多方面提高市政工程的绿色施工水平,为市政工程的绿色化施工发展提供有力支持。

# 第四节  市政工程建设中顶管施工技术的应用

## 一、市政工程顶管施工的使用范围和优缺点

### (一)使用范围

在市政工程施工期间,顶管施工适用范围如下:①施工场地周围具有很多的建筑群,不能够采用开挖的方式来对管线施工,或者采用沟槽开挖技术会对附近的建筑物的管道造成破坏;②在市政施工期间如存在黏性土、粉性土等建材,则可以使用顶管施工技术。③在市政施工期间如果具有碎石、风化残积土等,便能够采用顶管施工技术,不过需要注

---

❶  贺少辉.地下工程[M].北京:清华大学出版社,北京交通大学出版社,2006.

意的是,淤泥、沼泽区域不适合使用顶管施工技术。

**(二)优缺点**

**1.顶管施工技术所具有的优势**

在市政道路施工期间,使用顶管技术可以跨过公路、河流等诸多的障碍物;而且可以很大程度的节省施工经费及施工资源,提高施工效率;同时还能够确保交通的安全性,不会出现交通拥挤的情况;减少施工期间地面沉积量,以及噪声和施工所产生的有害无质量,从而得以确保市政施工的整体效果。

**2.顶管施工期间所具有的问题**

在采用顶管施工技术的过程中,要是碰到多曲线来进行组合施工的情况,就会使得施工具有一定的难度,从而放缓施工进度;而如果土层土质偏软,那么施工期间就很有可能出现偏差,这样就会造成施工工程发生不均匀沉降的情况。

## 二、市政工程施工采用顶管技术的方法

**(一)顶管穿墙技术**

在市政工程施工期间,利用顶管技术来穿墙,一定要保证穿墙门板能够在使用的时候开启,而且还要确保顶管施工系统里的挖掘机装备能够进行顶管部顶出动作。此外,在施工期间,施工人员要获取充足的强度参数偏低的水泥黏土,之后填充安装墙,以保证能够达到阻水的效果。不过要注意的是,若想保证中间增设止水板环的耐磨性能够满足有关需求,那么就要使用止水阀,这样就可以防止在穿墙的时候发生土地机构裸露在外的情况,从而就可以避免管道遭到腐蚀。

**(二)管道顶进技术**

在采用管道顶进技术的过程中,要确保推进工作能够满足相关要求,不要太快,但也不能过慢,在此期间要参照推进的有关数据,以给随后所要进行的顶进奠定基础。在机头入洞之后,如果碰到异物或机头下坠的状况,那么就要一边分析出现的问题,一边让机头慢慢地往前顶进。在管道进土之后,在每顶进1 m后都要进行测量,而想要保证顶进角度的精准性,那么就要尽量多地进行测量。等到管道顶进以后,要保持好顶管机的方向,同时根据测量结果来研究为何会出现偏差,然后制订出完善的解决措施。在顶管机处于接收井封门位置的情况下,便能够结束顶进,然后对引导轨进行安设。在机头经过导轨钻进井里之后,就能够拆卸排泥管、动力电缆,从而就可以确保机头和管节处于分离的状态,之后把管节送到预设的地方。

## 三、在市政工程中确保顶管施工质量的对策

**(一)对市政工程顶管施工进行检查**

尽管顶管施工有很多环节,不过在某些环节却不适合采用顶管施工技术。因此,在还没有进行市政管道施工的时候,要掌握施工场地附近的交通状况,然后通过有关的信息状况和环境要求来对交通线路进行规划,同时还要在施工旁的路口设立标识,若是有必要,最好委派专业工作者来指挥交通。而且还要研究施工场地的排水系统,然后制订优化措

施,这样就可以建立出最为理想的泥水排泄路线❶。要是在顶管施工期间出现意外状况,那么就要设立临水排水管道,从而就可以避免出现污水覆盖顶管的状况。此外,还要对顶管施工中的管线埋设状况做好充分的分析,以防止在顶管施工期间出现管线破损的情况。要是具有交叉区域,那么就要通过施工要求来给有关的管线结构进行关停。最后还要严格检查顶管施工范围内的污水排放和储备结构,避免因为检查不到位而导致施工期间出现问题,同时还要检查施工场地埋设物的具体状况,以给检修工作创造出充足的参考依据。

### (二)优化顶管施工技术

在市政工程当中,无论是下管施工还是顶进施工都具有技术难点,所以在进行施工的时候要加强对于技术的管控。要在施工之前做好检测工作,以确保能够对顶管施工技术进行合理的规划,同时还要在施工之前认真审查顶管施工技术方案,如果存在问题就要马上和设计工作者进行交流,然后采取合理的解决措施,这样就可以给顶管施工技术的合理使用奠定基础。在还未施工的时候,施工人员要做好技术交底,确保掌握施工的要领。此外,还要依据每项顶管施工环节的规定来创建相关的技术管理标准,这样就可以确保各项施工环节的顺利进行。

### (三)加强施工人员的能力

施工企业要安排施工人员参加技术培训,以提高他们应用顶管施工技术的能力,这样就可以确保市政工程的整体质量。而且在施工期间要掌握顶管施工范围内的管线铺装状况,加强顶管施工每项环节的施工技能,此外也要做好对管线的维护工作,这样就可以确保顶管施工的安全及市政工程的整体质量。

通过以上的内容能够了解到,在市政工程当中,顶管施工技术得到了广泛的使用。在施工期间,施工人员要提前对施工场地进行检查,并要掌握好顶管施工技术的使用方法及确保顶管施工质量的对策,另外还要使施工人员的技能达到施工要求,以提升市政道路的整体施工质量。

# 第五节 市政工程地下管线施工技术的应用

## 一、市政工程地下管线施工的重要性

地下管线施工在整个市政施工中的重要性不言而喻,作为市政施工的核心部分,地下管线的建设将为城市发展提供基础性的通信传输、热力传输、燃气传输及电力传输,确保整个城市的正常运行与经济发展。随着城市化进程的不断加快,市政工程的建设势必会越来越多,城市的地下管网建设也将变得更加复杂,为了更好地服务于城市居民,提升居民生活质量与城市发展水平,市政管理部门与市政工程施工部门必须对地下管线施工高度重视,并在实际施工的过程中,积极引进与研发更为先进的、科学的、具备可行性的新技术,充分利用现代科技手段,保证地下管线施工质量的持续提高。

---

❶ 崔京浩.地下工程与城市防灾[M].北京:中国水利水电出版社,知识产权出版社,2007.

## 二、市政工程地下管线施工的作用

地下管线施工不仅是市政施工的重要组成部分,也是保证城市建设质量的关键因素,其作用主要在于为城市的良好运行提供水电、热力燃力和通信信号等的传输,直接关系到人们生活的便捷程度和舒适程度。作为市政工程施工范围内的一部分工作,地下管线施工应当得到相关部门和管理者的高度重视,尽可能在建设过程中使用高科技手段来保证施工质量。总体而言,地下管线施工具有不可替代的作用。

## 三、市政工程地下管线的施工技术分析

### (一)浅埋地下管线施工技术

在地下管线工程技术中,此项技术是颇为重要的一个环节,在其施工过程中,要重点做好地下管线的保护工作,尽量避免安全隐患的生成。一般情况下,作业人员会选用加盖法的方式来对地下管线加以保护,从而确保施工的安全性。此外,管径的合理设置也是作业人员需要特别关注的问题。具体解决方法如下:作业人员在进行挖槽作业过程中,倘若发现管径偏大,这时就需要及时应用混凝土材料对地下管线采取加固处理,从而达到有效保护浅埋地下管线周边的目的。作业人员在进行挖槽作业过程中,倘若发现管径偏小,这时就需要及时采取加槽盖法,以便将管径在方案和实际间的差异降至最低,促进工程技术良好作用的发挥。

### (二)深埋地下管线施工技术

针对地下管线施工存在的一系列问题,施工人员还可以应用深埋地下管线施工技术来实现对深埋地下管线的保护,若在施工过程中发现地下管线直径过大,首先,应对现场地基深度进行勘探,确保地下管线的深度能够与城市大型建筑的地基深度基本一致;其次,要结合具体的施工情况采取对应的措施对地下管线的周围土质进行保护,避免由于土质疏松问题而导致管线破损。此外,在管线的浇筑施工环节,施工人员必须严格按照规定的施工顺序完成各项施工操作,即沿注浆孔由外到内依次进行施工,确保注浆能够按照地下管线的方向散开在分层浇筑施工当中,施工人员还需严格控制好各项注浆参数,合理地选择注浆液材料,从而提高地下管线的浇筑施工质量。

### (三)管线保护技术

在市政工程地下管线施工过程中,相应的保护工作必不可少。具体包括:考虑到地下管线的施工材料差异化以及管线类型的多样化等因素,应采取相应措施针对管线预埋方式进行保护;如果要实施浅埋管线施工,施工单位应提前做好调查工作以明确管线直径大小。对于直径较大的管线,施工人员可使用混凝土浇筑以及添加钢板的方式来保障其稳定性。其中,添加钢板来加固管线的处理方法既能够节约施工成本,又能保障市政道路的安全性和坚固性。而对于直径较小的管线,施工人员可使用支撑技术或者加槽盖技术来保护其稳定性;此外,为了进一步保障施工质量的安全可靠,施工人员可使用注浆法对地下管线进行加固。对于自身较为特殊的管线,施工人员也应采取相应的技术进行保护。如果遇到地下管线呈多排排列,施工人员应按顺序依次进行注浆操作。在这一过程中施

工人员必须规划好浆液流动范围,防止浆液随意流动❶。

### 四、市政工程地下管线具体施工措施

#### (一)重视前期施工质量

第一,重视挖槽前准备工作。在进行地下管线开挖前,应当对挖掘的地下施工环境进行充分的了解和调查,掌握地下障碍物分布情况,根据现场资料,对施工环境进行充分的了解,掌握地下的详细情况,在此基础上做出合理的管线敷设规划,并根据规划设置保护措施,最大限度地保证施工过程中管线不被破坏,防止意外干扰影响管线工程。第二,开挖管沟。在进行管沟开挖时,需要根据不同地理环境的实际情况采用不同的挖沟方式,实际施工时,主要以机械作业为主,人工作业为辅。在进行机械挖沟时,需要合理控制开挖高度,机械挖掘过程中要按设计图纸控制好挖掘深度,当机械作业无法进行时,应停止机械挖掘,此时可采用人工挖掘的方式,要按由深至浅的原则进行挖掘,以此保证沟槽内排水顺畅。

#### (二)加强管线施工全程质量控制

施工质量是决定市政工程能否充分发挥建设价值的基本要素,在地下管线施工过程中必须加强对施工个过程的质量控制,如此既能够保障市政工程的建设质量,又能够确保在出现各种问题时,施工人员能够第一时间做出适当的处理,保证市政工程的正常使用。当前,我国社会科技技术与网络通信技术正在飞速发展中,市政工程施工管理人员大可以充分利用好当代新兴技术与电子产品,建立起一套完善的电子监控装置,对地下管线施工进行实时监控管理,以便于施工人员能够及时发现问题并采取解决对策,还可以利用专业计算机软件对电子市政工程进行动态模型,通过建立虚拟工程模型来更为详细地反映地下管线的布置情况及周边具体情况,为地下管线施工提供更为科学的指导。同时,还能够利用建立起的电子监控系统对整个市政工程施工进行综合性评估,针对施工各个环节提出有针对性的成本优化方案,从而降低企业施工成本,提升市政工程整体效益。

市政施工是城市基础设施的重要内容,而地下管线的施工是市政施工的基本内容,与人们的日常生活和工作都有着密切的关联,但由于地下管线的铺设本身就比较繁杂,一旦出现问题就会引发一系列的连锁反应,并且会严重影响城市的正常运行,因此负责市政工程的管理人员一定要对地下管线施工予以高度的关注,不管是前期的施工还是后期的维护都不容小觑,以确保施工和运行过程中的安全。

# 第六节　市政建筑工程高强度混凝土施工技术的应用

### 一、高强度混凝土的特性

高强度混凝土属于一种全新的施工材料,在建筑强度、抗变形能力、裂缝发生率低、密度高等方面有很强的优势。在大跨度、大体积市政建筑工程中的应用非常广泛。大量工程应用实例表明,抗压强度高是高强度混凝土的主要特性之一,其抗压强度是普通混凝土

---

❶　周爱国.隧道工程现场施工技术[M].北京:人民交通出版社,2004.

强度的 5~10 倍❶。抗震能力也比较强,在地震裂度低于Ⅵ级时,可保持良好的稳定性。此外,高强度混凝土裂缝的发生率也比较低,不足普通混凝土的 1/3,密度也比较大,在防腐、抗渗漏等方面有独特的作用。随着我国社会经济的不断发展,对市政建筑工程施工质量和结构的稳定性提出了更高的要求,高强度混凝土各方面的性能和作用,都能满足市政建筑工程的实际需求,值得大范围推广应用。

## 二、市政建筑工程高强度混凝土施工技术的应用

虽然高强度混凝土在抗压强度、耐久性、抗震性、抗渗漏性等方面有独特的优势,但仍然属于混凝土的范畴,受到水泥水化反应的影响,容易形成不规则裂缝,需要严格按照相关标准和规范进行施工,才能保证施工质量。

### (一)高强度混凝土配制

在高强度混凝土配制过程中,要综合考虑可泵性、凝结时间、坍落度、配合比等,确认各项指标都达到设计要求后才能进行施工。

(1)强度试验。高强度混凝土的配制强度要按照《高强度混凝土结构施工规程建议》进行试验,结合市政建筑工程的特性和施工环境,通过 3~5 次试验,确定最佳的配合比和强度,试验强度要大于市政建筑工程所需混凝土强度的 1.5 倍。

(2)控制水灰比。为满足该市政建筑工程对高强度混凝土的需求,在具体配制过程中,水灰比要控制在 0.24~0.28,与混凝土强度成反比,水灰比越低,混凝土的强度越高。但混凝土的强度超过 C60 时,水灰比要控制在 0.26 以下,并通过添加高效减水剂的方法提升高强度混凝土的和易性,在满足和易性的条件下,尽量减小用水量。在本工程施工中,为提升高强度混凝土的工作性能,在配制过程中加入了 NF 高效减水剂,添加量控制在水泥用量的 1.5%~2.0%。

(3)合理控制水泥用量。在本工程施工中,混凝土强度为 C60,因此水泥用量要控制在 450~500 kg/m³,可通过添加外加剂的方法合理降低水泥用量。通过添加硅粉的方法,可大幅度减少水泥用量,在本次施工中应用了标号为 525#以上的优质水泥。

(4)严格控制砂率和坍落度。C60 强度的混凝土,砂率要控制在 26%~30%,如果选择泵送法,则砂率要控制在 32%~36%。混凝土入模的坍落度,可通过添加高效减水剂的方法进行合理调整。

### (二)高强度混凝土拌和

通过 3~5 次试验确定高强度混凝土的配合比和投料顺序,原材料按照实际质量进行计算,在称量前先对磅秤校验,确认磅秤精度,水泥偏差控制在±2%之间,粗、细集料偏差控制在±3%之间,水、添加剂、掺和量、高效减水剂的偏差量控制在±1%之间。在高强度混凝土拌和过程中,要严格控制用水量,并对砂石中含水量进行测量。在拌和时严禁随意加水,采用滞水工艺最后一次加入减水剂,确保拌和的均匀性,每次拌和时间控制在 3~5 min。

---

❶ 王建宇.隧道工程的技术进步[M].北京:中国铁道出版社,2004.

## (三)高强度混凝土的运输和浇筑

高强度混凝土坍落度的损失比较快,因此要尽量缩短入模时间,如果条件允许,可以把拌和站设置在施工现场附近,缩短混凝土运输时间。如果拌和站设置在场外,则要选择平坦、快速的运输道路,避免在运输过程中发生混凝土离析和泌水现象。在具体使用中,要做到严格指挥,并制定严密的施工组织,保证混凝土拌和、运输、浇筑、振捣工序无缝对接,每个环节都要严格控制,尽量在 1 h 内完成全部操作。提升高强度混凝土的密实性是保证强度的重中之重,因此在混凝土浇筑过程中要遵循边浇筑,边振捣的原则,选择高频振捣器进行均匀振动,避免发生漏振和欠振现象,如果采用分层浇筑法,则振捣器要插入下一层混凝土 10 cm 左右进行振捣,促使上、下两层混凝土能形成一个整体。在高强度混凝土浇筑卸料时,自由下落的高度要控制在 2 m 以下,在不同强度混凝土交接处施工,要按照强度由高到低的次序依次浇筑。

## (四)高强度混凝土养护

养护是高强度混凝土施工的最后一步,也是提升混凝土质量,避免形成裂缝的重中之重。当高强度混凝土浇筑振捣完成后,立即用草席或者土工布覆盖,并进行洒水养护。根据外界温度、湿度、风力等合理调整洒水量和洒水次数,确保高强度混凝土表面的湿润性,为混凝土固化营造良好的环境。养护时间不能低于 15 d,当混凝土强度达到设计强度90%以上时,才能停止养护。

综上所述,本节就结合工程实例,分析了市政建筑工程高强度混凝土施工技术的应用,得出以下几点结论:

(1)高强度混凝土在抗压强度、抗震性、结构稳定性等方面有非常独特的优势,将其成功应用在市政建筑工程施工建设中,可有效保证施工质量和结构的稳定性。

(2)混凝土配制是提升高强度混凝土强度和质量的关键,因此在具体配制过程中,要根据工程特性和高强度混凝土使用标准,从强度试验、控制水灰比、控制水泥用量、砂率、坍落度等方面入手确保使用质量。

(3)在具体施工中要严格按照高强度混凝土施工工艺流程进行操作,并对每项施工质量和施工过程进行监督控制。

# 第七节　软土地基处理技术在市政工程施工中的应用

## 一、市政工程软土地基的基本特征

### (一)土体压缩性较强

一般的软土孔隙比大于1,含水量大而容重较小,土中含有大量有机物或者矿物质,压缩性较强,长期不易达到稳定,而在软土晾干碾压成型后,失水会产生干缩裂缝,软土表层一般会产生网裂等特性。如在施工过程中没有进行有效的缩胀处理,则会使整个路基工程的耐久性受到影响。

### (二)地基沉降量大

地基沉降量大具体表现在软土的触变性、流变性和不均匀性。当原状软土未受破坏时常具有一定的结构强度,但一经扰动或受到一定的荷载持续作用,原有的结构就会瞬间破坏,强度很快降低,产生不均匀沉降,其变形也随时间相应增长。软土地基一般自身含有非常大的天然水成分,常达到50%~70%,而透水性能一般很低,垂直层面几乎是不透水的,故在建筑物加荷初期,常出现较高的孔隙水压力,影响地基强度,而建筑物的沉降延续时间也更长。

### (三)地基承载力差

地基承载力差具体表现在抗剪强度过低,其高液限、高塑性指标,软土一般黏度都较低,干缩湿胀,当软土地基遭遇一定范围内比较大的荷载之后,该范围内的软土地基就会因承载力差而出现强制压缩的现象,使软土地基整体进行大范围不均匀下沉,引发安全质量事故。

### (四)施工环境受限

市政公用工程周边施工环境常受到限制,且对地基处理要求较高,在软土地基处理过程中会受到场地、机械、材料、构造物扰动等多方面因素的影响,在软土地基处理技术的选择上要求更加严格,考虑因素也更加复杂。黔江北互通改造项目在软土地基处理施工过程中主要面临着场地狭窄、周边构造物扰动过大、填料需求量大、交通组织不便等因素。

## 二、市政工程软土地基处理技术应用

### (一)晾晒、换填法

通过翻挖、平铺、晾晒以降低软土中的天然含水量,使软土具备填筑压实特性,或者选用低液限和低塑性指标的天然碎石土、石渣等材料进行替换,然后碾压密实。此两种方法均属于纯物理方法,前者经济,但对场地及时间、气温条件需求较高,仅对小部分低液限、低塑性、天然含水量不高的软土奏效,且很难达到处理要求;后者施工简单方便,且易控制施工质量,但类似黔江北互通改造项目这种处理工程量大、工期紧的情况,仍难以满足处理要求,所需换填材料多,且产生新的弃土,极其不经济。

### (二)粉喷桩技术

在进行软土地基处理的工程项目中,粉喷桩技术是使用非常广泛的一项技术,常应用于地基稳定性非常差的情况。利用特殊的压力降固化剂压入地基内,固化剂会对地基产生稳固效果。在进行固化的时候,水泥及石灰两种固化剂应用的次数比较多,但基本上都是以水泥为主。在进行前期施工的时候,对当地的地质环境进行详细的勘测,对原地高程数据和土工试验的信息进行详细的记录。结合现场的现场情况设计粉喷桩位图,在实际进行粉喷桩施工的时候,要将参数比进行充分的考虑,并对其进行相应比例的调整,成桩的稳定性就会获得提高。如果想要具有流动性就可在其中加入石膏、硫酸钠这样的原材料,还会对整体的稳固作用起到促进的作用❶。在实际的操作过程中,要对钻机下钻的深度以及喷粉的高度做到准确把握,并定期对粉喷桩的直径以及搅拌的程度进行细致的检查。另外,在钻机使用前期及后期,都要对施工的钻头进行仔细检查,要保证钻头的磨损程度低于 2 cm,才能对成桩的质量进行保障。

---

❶ 王毅才.隧道工程[M].2 版.北京:人民交通出版社,2006.

### (三)土性改良技术

类似粉喷桩技术的土体改良应用,一般采用生石灰、粉煤灰、水泥等掺和料进行土体改良,其主要通过水化放热作用促进石灰、粉煤灰、水泥中的氢氧化物和氧化物将软土中所含的阳离子交换出来,减小塑性,改变软土的工程性质。此种方法对掺和物配比及拌和要求较高,且粉煤灰和水泥的吸水能力较弱,常常导致改良效果有限。

### (四)排水固结技术

软土地基自身含水量高,就需要对地基进行有效的排水处理工作,应用相应的排水技术将地基表层的水分及深层的水分排出,从而使得地基稳定凝固。对于表层排水,主要是在基础表层进行砂石层的铺设,使地基的含水量得到降低,在进行排水的时候,可以一起进行压力排水和砂垫层的实施工作,将地基内含量高的水分充分的排出,当水分被排出,软质土层经过凝固之后,整体的软土地基稳定性就会大幅提升。所谓深层排水,就是需要对深层水分进行挤密处理,常用的有砂井、碎石桩及塑料排水板排水。在进行挤密技术的时候,首先将挤密的装置打入到地基内,然后进行挤压之后汇流,排出水分,软土地基得到凝固。最后对软土的厚度进行考量。

### (五)强夯法施工技术

强夯法是一种物理的施工方式,它主要是对地基的含水量进行充分计算之后,对夯实的有效加固深度、夯击能、夯击次数、间隔、布置点等进行设计,然后利用高空重物下落过程中所产生的惯性以及重力作用,对软土地基进行反复强力的打压夯实,从而促进软土的受力压缩。软土在重力夯实的过程中间隙会越来越小,软土的地基会在原来的基础上发生 2~5 倍强度的提高,软土地基的整体工程特性就获得了全面提升。强夯法所针对的处理对象是软土层较深的地基,具有节约原料、设备简单、施工便捷等优势,因而经济实用,但对于不同类型的软土地基处理尚存争议,且对周边环境扰动过大,易对周边构造物造成振动损坏等。

### (六)压实加载处理

压实加载处理是一种纯静态的固结方式,类似沉井技术,又被称为加载压实技术,主要的施工方法是在软土地基处于一个巨大的外加荷载的前提下,然后进行人为的压缩处理,如果在处理的过程中出现了真实的沉降,就基本实现了处理的目的。在进行处治工程的施工过程中,可能给周围土体或者建筑物带来一些影响,这就需要施工人员在施工过程中,通过打入钢板桩或回填包边土、侧向加压等方式提高地基的稳定性。但需要重点关注的是,一定要对残余的力量进行提前释放,来保障路面铺装等后续工作。

## 三、市政工程软土地基处理技术应用原则

### (一)严格根据市政道路设计方案的相关要求处理

与普通的工程相比较,市政工程的建设施工在要求上更加严格,且相对于不一样的路面稳定性以及压实度指标,所对应的要求也会不一样。如果处理要求的等级较高,就可以不考虑经济、工期等因素,优先选择强力处理措施来有效降低软土地基的沉降量;如果处理要求的等级相对较低,就可以选择加载、偏压等处理技术,但必须要等到沉降结束以后再进行后期的施工。在进行软土地基处理的过程中,挖填地基设计高度和设计宽度与软

土地基的稳定性有着密切的关系,一定要对设计方案理解透彻,从最优角度选择软土地基的施工处理技术。

### (二) 充分考虑施工现场周边的影响

在市政工程施工中,周边的构造物常会受到影响,在进行软土地基处理时,要对周边的实际情况与影响因素进行充分考虑,避免因考虑不周对周边的构造物产生沉降、位移、震裂、损坏等影响。在进行处理的过程中,针对不一样的地基特征,采取不一样的施工措施,才能够有效提升整体的工程质量。

### (三) 黔江北互通改造项目实际情况及软土地基处理应用

市政工程的施工条件会受到一定制约,在选择软土地基处理措施前,应充分考虑到施工措施的经济性、难易程度、实施效果等。以黔江北互通改造项目部为例,其处理面积较大、深度较深,制定了以充分利用该项目既有渣石、减少外借土石方、减少软土弃方,确保对周边构造物、既有公路通行不造成影响的施工原则,采取了划分不同区间换填渣石、生石灰分层改良土体并搅拌,按原有地形分段排水,采取沉沙井井点降水等措施,保质保量完成了该项目软土地基施工任务。

市政工程中软土地基的处理是非常重要的环节,要合理分析,优化措施。一旦处理不好软土地基的问题,就会造成质量问题反复出现,增加后期市政工程运行的维护成本。这需要向相关施工、管理单位多学习,借鉴先进的处理技术和经验,确保市政工程的最终安全使用及项目寿命的有效延长。

# 第八节　市政工程施工管理中环保型施工措施的应用

## 一、市政工程施工过程中存在的主要环保问题

### (一) 施工大气污染问题

大气污染问题主要是由粉尘和废气造成的,废气主要是施工所用的机械设备和往来运输车辆运行时所排放的尾气,还可能来源于油漆材料或化学建材的加工处理。粉尘污染即为颗粒污染,在施工过程中较为常见。市政工程施工过程中常常需要开凿、运输建筑材料,这就使得附着于建筑材料或地面上的粉尘悬浮在空气中,造成污染。老旧建筑物的拆除改造、建筑材料的搅拌等施工行为都会致使粉尘或颗粒物在空气中弥漫。还有砂砾、水泥、石灰等施工材料在远距离运输过程中若没有被遮盖好,也可能随风飘散,导致粉尘污染,对施工现场周围居民的身体健康产生严重威胁。

### (二) 噪声污染问题

市政工程施工过程中的噪声污染也是一个较为严重的问题,除挖掘机、起重机、搅拌机等机械设备运作时产生的嘈杂声音外,还有运输施工材料及清除废料过程中所产生的声音。还有一部分噪声是施工过程中人为操作时脚手架的安装、拆卸,或是钢铁建材与其他工具之间的碰撞造成的。这些声音超出了人体所能承受的正常音量,且很多工程项目常采用夜间施工的方式,这严重影响了城市居民的正常学习和生活。

### (三)光污染问题

由于光污染对城市环境及人类生活所造成的影响是间接性的,一直没有引起人们的高度重视。其实光污染对人类的危害着实不小。光污染主要是由石材、钢材的机械切割或电焊操作等行为引起的,还可能是使用的建筑物表面经太阳反射而产生的光污染现象。光污染不仅会严重损害焊接工人的视力,甚至还会通过太阳与建筑物表面的反射光阻碍人的视觉,引发严重的交通事故。

### (四)水污染问题

水污染问题主要是挖沟开渠、搅拌材料、清洗混凝土管道及施工场所时致使污水流到污水排放区之外的区域造成的。还有机械设备漏气致使废油污染水源,或是工作人员的生活用水没有按照规定进行排放处理而造成的水污染问题。这些污水的外泄不仅给市民的生活带来了极大的不便,也对人类身体造成了很大的危害。

### (五)固体废物污染问题

市政工程施工过程中,固体废物污染问题也是一个值得重视的问题,这反映出施工管理人员并没有对工作人员进行严格、高效的管理。固体废物包括房屋拆除时所产生的废料,施工时没有用完的水泥和其他材料、包装袋等,还有施工人员的生活垃圾。这些废弃物没有按照计划进行专门的处理,不仅会影响施工环境和工作人员的生活环境,甚至有可能通过车辆和人群流通到外界,污染周边居民的生活环境,影响到整个城市的形象❶。

## 二、市政工程施工管理中环保型施工技术

### (一)施工大气污染防治措施

对于施工大气污染现象,市政工程施工管理人员应当强化工作人员对粉尘污染的认识,并对此引起高度重视。还要结合施工材料的特性、居住环境及交通情况安排好材料运输路线,最好选择运输距离短,离居民区较远的运输路线。同时,还应当要求施工人员在运输材料时及时将那些易造成颗粒污染的材料遮盖起来,并对运输路段进行洒水。强化监督管理,要求施工人员在实际操作时对这些材料轻拿轻放,避免产生粉尘。如果条件允许,还应让工作人员佩戴口罩。对于废气污染,则可以在施工机械、车辆上安装环保装置,以减少尾气排放量。还要严令禁止焚烧施工场所的废弃物,对这些废弃物可采取填埋措施,以减少废气污染,保护城市环境。

### (二)噪声污染防治措施

对于噪声污染的防治,需要结合地区实际情况,参照政府对于噪声的相关规定,采取适当的防治措施。在确保工艺标准的基础上选择操作时噪声比较小的机器设备,根据具体的操作情况,积极探索和使用能够降低噪声的施工技术。还可以在施工场所与居民区之间设立遮挡物,将两个区域隔离起来。除了在施工现场安装一些减少噪声的装置,还要将施工机器及车辆的噪声控制在国家规定的范围内。尽量不要在夜间施工,而应当积极与周边居民交流,听取他们的意见,解决因施工而产生的问题。

---

❶ 罗福午.土木工程(专业)概论[M].武汉:武汉理工大学出版社,2001.

### (三) 光污染防治措施

对于光污染现象,可以用性能较好的环保型材料来代替那些容易在太阳光反射下引起光污染的建筑材料,最大限度地减少光污染对城市环境及人身安全的影响。还可以利用护栏挡住施工过程中的焊接光,并在焊接过程中注意防火,采取有效的防火措施,以免引发火灾。

### (四) 水污染防治措施

市政工程的用水量较大,所产生的废水也比较多。为了减少水污染问题的出现,施工单位应当提前做好安排,结合施工场所的实际情况,安装污水排放专用管道,以免污水流到其他区域,对市民的生活用水造成污染。遇到阴雨天气,应当提前将易冲刷材料盖住,既有利于材料的保存,又能够维护施工现场。另外,当降雨量较大时,要注意清理污水,以免污水对施工场所造成破坏。

### (五) 固体废物污染防治措施

对于固体废物污染问题,施工单位可以先对这些废弃物进行分类,把可以利用的废弃物集中到一起,回收后将其用于其他工程建设项目,既能够节约成本,又能够清理垃圾。对于无法再回收利用的废弃物,也要集中起来,尽快运出施工场所,保持施工环境的清洁。为了避免出现生活垃圾与施工废弃物被随意乱丢的现象,施工单位可在施工现场增设临时卫生设施。此外,施工单位还要加强施工管理,提高施工人员的环保意识,健全奖惩制度,要求施工人员充分认识环保型低污染材料,不断提升环保型施工工艺水平,降低工程施工对环境的破坏程度。

本节分析了市政工程施工过程中存在的大气污染、噪声污染、光污染、水污染及固体废物污染等问题,并结合相应的防治措施对市政工程施工管理中环保型施工措施的应用进行了探究,希望能为环保型施工措施的有效应用提供一些参考。

# 第九节　市政工程隧道施工中浅埋暗挖法的具体应用

## 一、市政工程隧道施工中浅埋暗挖法应用的研究背景

市政工程隧道施工环节中应用浅埋暗挖技术,针对此技术措施的特殊性,需要提前对此技术措施进行分析,将实际施工过程中的具体要求作为依据,依据是施工设计图纸当中提出的要求,规范化地完成浅埋暗挖技术应用工作。但是浅埋暗挖技术措施实际应用的过程中,容易遭受到各个因素的影响,所以在实际施工的过程当中,有可能遇到各种类型问题的影响,浅埋暗挖技术实际应用的过程中,隧道支护以及防坍塌技术措施应当得到充分的重视,切实依据应用要点进行贯彻落实,以免在实际施工的过程当中出现不恰当的操作,对市政工程隧道施工效率及质量造成影响。

## 二、浅埋暗挖法的工作原理及特征概述

浅埋暗挖法的工作原理其实就是科学合理地应用围岩本身承载力,对已经挖掘好的隧道起到一定支撑性作用,在此背景之下构建出一套安全性比较高的联合型支护系统,在

实际施工的过程当中,应当切实依据管超前、严注浆以及强支护等原则,才可以对浅埋暗挖法的实际应用效果做出一定保证。地下工程施工环节当中,在条件允许的情况下,一般都是会使用浅埋暗挖法开展施工工作,此方法不单单是可以在实际施工的过程中展现出比较强的适应性,还能够弥补围堰本身稳定性不强这一缺陷。在发生地表沉降问题的情况之下,非常有可能对围岩的稳定性造成一定影响,难以对后续施工工作的顺利开展做出保证。因此,在浅埋暗挖法实际应用的过程中,为了能够让这些问题的发生概率得到有效控制,一定要选取科学合理的方法提升初期支护强度,对施工安全性做出保证,并为后续各项工作的顺利开展奠定坚实的基础。

## 三、市政工程隧道施工环节中存在的问题概述

### (一)土质的稳定性不强

隧道开挖路段当中存在较为严重的不稳定问题,将软土层作为主体,隧道施工初期需要对容易出现软化及崩塌问题的岩石施行有效的措施处理,对施工路段中各种岩石的特性形成清晰的认识❶。隧道穿越地层中的泥土一般都是砂质黏性土壤,局部位置上还有一定数量冲击砂层,这种性质的地层薄弱性较强,所以在隧道开挖工作正式开始之后,周边位置上的围岩非常有可能在自重的影响之下出现沉降问题,假如围岩表面上出现松弛或者是变形等问题,非常有可能导致围岩当中发生十分严重的坍塌问题。假如对地表的控制不是十分稳定,自然也就难以对围岩的稳定性做出保证,想要对后续各项施工工作的顺利完成做出保证,也是一件十分困难的事情。

### (二)地下管线渗漏

市政隧道工程施工环节中,切实依据隧道结构和范围妥善完成水源供给工作。除去上文中所说的问题外,还应当对隧道内风道结构及范围结果进行分析,假如各个结构的饱和性比较强,那么在某些地层当中就有可能发生水囊或者是空洞等问题。降水工作的滞后性比较强,那么就难以对后续风道开挖工作的顺利开展做出保证。假如在实际施工的过程中,会对地层的稳定性造成一定影响,那么想要对市政工程施工安全性及稳定性做出保证,自然也就是一件十分困难的事情。

## 四、浅埋暗挖技术在市政工程隧道施工中的具体应用

### (一)上台阶施工

城市内地下管线的复杂性比较强并且数量非常多,为了可以对施工安全性做出保证,在正式开始施工之前,应当详细对施工设计图纸进行分析,并对施工现场地质环境及影响因素形成清晰的认识,在周边土体上开展摆喷施工,促使土体的稳定性得到一定程度的提升,以免在实际施工的过程中发生土体不稳定或者是其他各种问题。此外,也需要对管线设计的科学合理性做出保证。上台阶施工过程中,为了能够将开挖过程中对周边围岩的扰动控制在一定范围内,可以使用风镐开展开挖工作,首先在拱部位置上进行开挖,将核心位置保留下来,并对支护结构进行调整,将开挖出的土方运输到下台阶所在位置上,开

---

❶ 夏永旭.现代公路隧道发展概述[J].交通建设与管理,2006(12):66-68.

挖工作开始之后,应当随时开展支护工作,以便于可以对后续各项工作的顺利完成做出保证。

### (二)下台阶施工

下台阶施工过程中一般使用到的都是人力资源,应当切实依据施工设计图纸中提出的要求,应用挖掘机开展开挖工作,在对中央土体进行开挖的过程中,两侧轮廓大致上在50 cm左右,人工开挖工作完成之后,对两侧轮廓进行修正,从而也就可以将土体扰动这一问题控制住。隧道下调节开挖深度大致为1 m,开挖后开展支护工作,在封闭成环之后,实际施工的过程中,不可以超出循环进尺范围,以此为基础对施工效率及施工安全性做出一定保证。

### (三)隔离桩设置

在风道和建筑物之间的位置上,为了能够将二者隔离开来,应当通过小导管在此位置上开展注浆工作,将地层的变形量控制在一定范围内。只有妥善完成监控及测量工作,才可以切实依据信息流程完成各项工作。在实际施工的过程当中,应当对施工设计图纸当中的要求形成清晰的认识,以便于可以规范化地完成职责范围内的各项工作,对各个结构的独立性做出保证,以此为基础对隧道的运行安全性及稳定性做出一定保证。

### (四)管棚支护技术

浅埋暗挖技术实际应用的过程中,也会对支护技术提出较为严格的要求,支护工作是浅埋暗挖技术实际应用过程中应充分重视的问题。在超前支护这一阶段当中,管棚施工相对来说比较简单,造价也比较低,可以切实依据管井的规格选取施工材料。假如钢管两端位置上的支撑体系规模足够,开挖过程中出现的变形量也比较小,管棚就可以将自身的支护作用充分发挥出来,两端位置上的支护梁起到一定弹性支撑作用,上方地层变形包含的是绕曲变形和端头支撑变形。在实际施工的过程当中,可以通过调整管棚高度和支撑梁刚度控制支护效果,对实际支护效果做出保证,从而可以对后续各项工作的顺利完成做出保证,促使隧道工程施工效率及整体性质量得到大幅度提升。

在市政工程隧道施工环节中,浅埋暗挖技术得到的应用是较为广泛的,并且此技术措施实际应用过程中展现出的适应性比较强,但是在这一项技术措施实际应用的过程中,应当充分重视各个要点性内容,只有充分重视各个要点性问题,才可以保证在市政工程隧道施工环节中,将浅埋暗挖技术的作用充分发挥出来,促使市政工程隧道施工效率及质量得到大幅度提升,从而可以在我国城市化发展进程向前推进的过程中,起到一定的促进作用。

# 第十节　水下开挖法在市政工程深基坑施工中的应用

## 一、市政工程深基坑施工中排水控制

### (一)井点的设计与布置

在深基坑施工中,井点位置的选择和布置至关重要。设计人员必须对基坑的平面形状、大小、土质、地下水位和流向的高低进行充分的考察、计量和分析,结合实际施工标准来确定井点的具体位置。通常情况下,要在围墙外边缘 2 m 的范围之内进行设置,而且降水的深度也比基坑深度高 1 m。

同时,在井点的施工埋设中,可以使用水冲法来完成。而其中要经过冲孔和埋管两个方面的内容。在冲孔过程中,需要先将冲管以垂直的方式插在井点的位置上,并且使用高压水泵对其进行各个方位的摆动,在冲管的同时,将其下沉。在这个过程中,要将冲孔的直径保持在 3 cm 以上,而冲孔的深度要深于滤管底部约 5 cm,避免在冲管拔出的过程中,其中的土颗粒进入孔底而触及滤管底部。在冲孔工作完成以后,将冲管立即拔出,并将井点管插入其中,将灌砂滤层快速地填入井点管和孔洞之间,避免孔洞坍塌的情况发生。在填砂以后,要将井点管的上部进行封口,防止井口存在漏气的情况。

另外,井点管在埋设完成后,需要进行抽水试验,并对其进行检查,查看管道是否存在漏水、漏气和淤塞的情况,同时要对水流的流量和浑浊度进行检查。最后,在井点的设计和布置过程中,要注意以下几点内容:第一,在降水过程中,要配备双电源,并要进行连续不断的抽水。第二,在井点投入使用之前,需要对井点进行试验抽水,并检查管道是否存在漏水、漏气等情况。第三,井点使用过程中,一般情况下,水流是先大后小,先浑后浊,如果存在不正常情况,必须对其进行检查,并及时加以纠正和解决。第四,需要对井点管的淤塞情况进行检查,防止因为淤塞而影响出水。同时,对手扶管进行定期和不定期的检查,了解管道是否振动,能否听见管内的水流声。如果出现淤塞,需要使用高压水枪对井点管进行反冲,或者对其进行重新埋设。第五,在井点管被拔出以后,必须使用砂土将孔洞填满,并在离地面以下 1 m 的地方使用黏土将其填实。第六,水泵的选择。通常情况下,选择的水泵排水量一般为基坑涌水量的 2 倍左右,如果基坑的涌水量为 20 m³/h,可以选择隔膜式泵或者潜水电泵。如果涌水量为 20~60 m³/h,可以选择隔膜式水泵和离心式水泵。如果涌水量超过 60 m³/h,要使用离心式水泵。其中,隔膜式水泵的排水量较小,但是它可以有效地排出泥浆水。在对水泵进行选择时,必须按照施工现场的实际水量的大小来确定降水机械的型号和数量。

### (二)井点的施工工艺

在施工过程中,必须结合施工现场的实际情况,在施工条件具备的情况下,详细分析地下水位的深度、泥土的渗透系数和土质分布的具体情况来对降水方案进行确定。同时,根据基底标高的实际数值来确定降水深度。另外,要对井点布置位置和频率,以及井点管和设备进行分析,以此来确定降水施工工艺。通常情况的施工顺序,先放线进行定位,然后铺设总管,冲孔,安装井点管不能够使用砂砾和黏土过滤及填充密封。最后,对集装箱和排水管进行安装,使用真空泵和离心泵进行排水,最后对井中和地下水位进行及时观测和检查,及时掌握其情况。

## 二、深基坑水下开挖施工工艺

### (一)水下开挖法的施工要点

首先,将三翼钻头安装在喷嘴上方,并使用旋喷机的高压水和三翼钻头对土体进行完全的切割和搅动,使其成为均匀的泥浆。其次,将低压旋喷喷头放置到地表以下 30 cm 的位置,并使用高压水泵和空压机以 25~35 cm/min 的速度进行旋转和下沉,下沉的过程中速度逐渐提升到50~60 cm/min,这两者过程必须同时进行。最后,在旋喷设备旁安装潜水渣浆,等到土体变成泥浆以后,将渣浆泵利用旋喷设备中的卷扬机放入到泥浆中,以达到排浆的效果。在开挖过程中,需要对土层进行分层开挖,并将开挖的速度保持在1.5 m/d之内,开挖时要保持坑内液面不变,同时高于坑外地下水位1 m处,同时要将各个设备的开挖深度的差距保持在1 m之内,以此来保证开挖面能够均匀下降❶。

### (二)水下混凝土的浇筑

在水下开挖施工中,水下混凝土浇筑是其中的关键环节。在施工过程中,需要使用无缝钢管来作为导管,而无缝钢管的直径为25 cm,壁厚需要达到10 mm,在安装时,要保持导管间距在5 m范围之内。对其进行施工时,需要按照首批灌注,正常灌注,导管提升,测量和再灌注的顺序进行。其中,必须先确定首批混凝土的灌注量,并从风井外围向中心逐渐灌注。在提升导管的过程中,需要严格控制混凝土的强度等级和导管埋设的深度,每隔30 min对混凝土表面标高进行标注,以此来对混凝土流动半径和坡度进行确定,为后续导管的混凝土灌注提供有利条件。

在城市化发展迅速的今天,高水位,超厚强透水低层深基坑工程逐渐增加,而水下开挖法中的自平衡理念与当前工程发展需求相吻合,可以越来越多地应用到市政工程的施工中。同时,在城市轨道交通建设中,也会经常存在较深的大面积基坑,而水下开挖法的作业方式和技术能够很好地处理这种基坑施工中遇到的困难,提高施工质量和效率,保证施工安全。

# 第十一节    BIM 技术在市政道路工程施工中的创新应用

在市政道路工程中合理使用 BIM 技术,可使项目管理人员及时发现施工中存在的问题,并科学纠偏,如此可有效降低资源浪费,提升市政道路工程施工质量及施工效率。

## 一、BIM 技术发展历程及其应用优势概述

### (一)BIM 技术发展历程

从国家大力推行 BIM 技术,到目前各建筑企业均将 BIM 技术应用到实施项目管理中来看,BIM 技术的发展历程大致如下:首先对项目进行三维建模,在建模的过程中录入工程所需的相关信息,进而搭建一个完整、实时的模型信息数据库(存储与本项目相关的数据信息云平台)。在云平台中共享本项目各构件相关的数据信息、专业属性、施工过程资料等信息。合理利用模型信息数据云平台,不仅能提升各参建方的沟通效率,提升工程施工质量和降低施工成本等,而且能将设计师的设计意图得到更全面的诠释。

### (二)BIM 技术应用在市政工程中的优势概述

基于 BIM 技术在房建类项目中应用已经有了一定的规模和标准,但在市政工程项目中的应用目前来看还有很多需要开拓,市政工程应用 BIM 技术的趋势是必然的,其运用优势有如下几点。

---

❶　项贻强,薛静平.悬浮隧道在国内外的研究[J].中外公路,2002,22(6):49-52.

1.可视化

在市政工程中利用 BIM 技术,可将传统的二维图纸转换为三维立体模型,诠释市政工程中的桥梁、道路等所有构件,同时将各构件的信息同步录入模型中,便于项目各相关人员查询和使用,降低施工人员的识图难度。利用 BIM 技术不仅可充分展现本项目的三维模型信息,还可通过模型信息展现工程项目整个生命周期的变化,如此可使工作人员及时发现市政工程施工中存在的问题,并适当进行纠偏。

2.优化性

为有效提升市政工程经济效益,需尽量优化施工方案。由于施工周期较长、信息数据较多等因素的影响,施工方案优化工作较为困难。为优化施工方案,可将项目相关数据信息(主要包含成本信息、参数信息等多种信息)输入三维立体模型中,并利用 BIM 技术对其进行详细计算,从而科学、全面地优化施工方案。

3.协作性

市政工程建设过程中,需由项目参与方多方合作、协调,从而完成市政工程。在市政工程建设过程中使用 BIM 技术,可建立信息数据共享平台,可为项目各参与方建立有效沟通机制,如此可保证各方掌握的工程建设信息同步,并及时处各专业存在的问题,这对提升市政工程施工效率、降低市政工程施工成本十分重要❶。

4.模拟性

市政工程施工过程中,可利用 BIM 技术模拟项目的整个建设生命周期,这不仅可以验证项目施工计划的可行性,更是对施工工期的一种保障措施。市政工程施工过程中使用 BIM 模型对复杂施工部位进行工序模拟,依托工序模拟对作业人员进行技术交底,降低施工难度,同时通过施工模拟可预估工程施工中可能出现的突发问题,并制定有针对性的应急预案。

## 二、BIM 技术在市政工程中的创新应用

### (一)基于 BIM 技术的图纸会审

市政工程中涉及多个专业的内容,其设计图纸较为复杂,图纸内容也较多,因此施工人员熟悉设计图纸周期长且不直观。而且通过传统的二维施工图施工人员不是很充分的解析设计者的设计意图,那么在图纸会审阶段往往是依靠施工人员的经验进行分析的,不仅效率低很多问题往往还容易遗漏,造成后期返工和工期延误,故利用 BIM 软件搭建三维信息模型,便能让施工人员很直观地了解和理解施工图纸,并掌握施工图纸关键内容,大大提高了图纸会审的质量,对保证市政工程施工进度、施工质量等方面具有重要意义。

### (二)基于 BIM 技术的方案比选及可视化交底

市政工程施工前,需要编制本工程的施工方案,对关键工序及复杂部位等施工内容进行编制时,可采用 BIM 技术对其进行方案模拟演示,校验其可行性和经济性,选择最经济实用的施工方法,同时依托模拟动画视频对施工作业人员进行技术交底,可帮助施工人员了解施工中可能存在的问题,并针对这些问题制订相应改进措施,如此可减少真正施工过

❶ 雷响.市政工程施工中节能绿色环保技术探析[J].价值工程,2019,38(33):11-12.

程中出现问题的概率,使技术交底可视化和直观化,这对提高市政工程施工效率、施工质量具有重要意义,同时降低施工难度和节约施工工期。

### (三)基于 BIM 技术的工程量统计分析

利用 BIM 技术建立的三维信息模型中包含了各构件的数据信息,项目可利用 BIM 相关软件导出相关工程量,将此工程量作为项目部材料需求的依据,合理控制材料的进场,作为避免材料的超额和使用浪费的一种有效辅助支撑手段。

### (四)基于 BIM 技术的场地布置及进度纠偏

在市政工程项目施工中由于场地开阔、施工人员多和材料多等因素,合理且动态的场地布置规划显得格外重要,基于 BIM 技术的动态场地布置和动态模拟能很好地解决这一问题,提前在 BIM 软件中将场地布置规划出来,通过软件进行动态虚拟模拟,校验其可行性和经济性,选择最经济适用的场地布置方案,同时也为项目对外交流展示增砖添瓦。基于 BIM 技术的场地布置是随进度的变化而动态调整的,由于 BIM 技术具有可视化和模拟性特征,因此可在 BIM 软件中增加时间维度,模拟局部和整个项目的施工进度,如此可帮助施工人员实时掌握市政工程实际施工进度和模拟进度的偏差,施工人员可根据偏差及时纠偏,这对项目整体工程进度的合理控制具有重要意义。

### (五)基于 BIM 技术的协同信息数据共享

基于 BIM 技术的协同信息数据共享,即将 BIM 信息模型轻量化处理后上传协同云平台,从而让项目各参与方通过网页和移动终端有权限地共享信息数据,数据的共享促使项目各参与方得到了有效沟通,降低了因沟通不畅造成的误会和矛盾,使项目过程管理做到可追溯,减少了各专业的协调和争议,让项目管理更便捷、高效和信息化。通过建立协同数据共享平台,可有效提升市政工程施工效率,降低施工成本和节约工期,更为企业市政项目管理提供数据参考和为今后市政项目 BIM 信息数据管理奠定基础。

### (六)基于协同信息数据共享的治安管理

市政工程施工时,由于其施工区域广、涉及的专业多和作业人员水平高低不一等综合因素,对于项目的质量和安全管理不易实时把控,往往现场发现治安问题,需要逐级联系或者回项目下整改通知单,不仅耽误时间且效果不一定理想,而基于协同信息数据共享的治安管理就较为方便和快捷,其原理为项目管理人员在施工现场发现治安问题,即可通过移动终端设备在共享数据平台上发起治安任务,将具体问题以图片、文字、录像和语音等方式添加到任务中,并指定相关责任人限时限方式完成整改,任务发起成功后,相关责任人就会收到提醒信息,然后督察落实问题,最后在限时时间内完成自己负责的相关整改,并提交任务发起人审核。整个流程高效、便捷和有追溯性。

### (七)基于协同信息数据共享的图文管理

市政道路项目的工期长、过程资料多、人员流动和施工图版本多等,造成资料缺失、施工人员日志不全和按照老版图纸施工等现象的存在,而基于协同信息数据共享的图文管理可实现施工日志通过移动终端同步录入共享云平台,便于查询和追溯相关问题,其协同信息数据共享平台不仅能存储过程资料,还能使新版图纸自动覆盖旧版图纸,这样面对施工人员的永远是最新版,就不会造成新版图纸已出,还在使用旧版图纸的情况,基于协同信息数据共享的图文管理为项目实施规避了一定的风险。

## (八)基于 BIM 技术的信息数据共享统计分析

基于 BIM 技术的信息数据共享统计分析是通过平时质量、安全、进度及其他等问题的任务发起为数据源,在项目完工时,信息数据共享平台自动统计分析出各类问题在本项目的占比,什么问题在哪个阶段易频发,为今后类似项目提供很好数据参考支撑。

## (九)基于协同信息数据共享的运维管理

市政道路工程后期若需要基于协同信息数据共享的运维管理,那么在工程建设开工时与各参建方共同确定一个数据信息共享云平台,各参建方将设计和施工中的所有信息同步进行录入,待工程完工后将平台移交运营单位,这样运营单位即可快捷地查询各构件的信息,便于查询和维修管理。

随着科技的迅速发展,基于 BIM 技术在建筑行业中应用日益广泛,而在市政道路工程施工过程中使用 BIM 技术,对保证市政道路工程施工效率、施工质量和控制施工工期等方面均具有重要意义。此外,在市政道路工程施工中运用 BIM 技术,还可以提升项目的综合管理水平。目前,在市政道路项目中应用 BIM 技术还不够系统化和标准化,故对 BIM 技术的研究和应用还将不断地完善和提升。

# 结束语

　　面对市政工程施工过程造价控制中出现的问题,需要采取相应的解决措施,以完善工程造价控制工作,促进工程管理工作的开展。对市政工程施工过程造价控制采取以下几方面的措施:

　　(1)加强投标阶段对工程造价的控制。为了能取得良好的经济效益,施工企业在投标阶段就应提前做好工程造价控制方面的策划。拟组建的项目部主要管理人员应全程参与招标投标工程,投标不是某个造价人员的事,而是项目部主要成员之间的事。一是要重视现场踏勘。施工组织设计应符合施工现场环境,且投标报价应与之密切相关。它对中标概率和最终的结算都有着直接影响。二是要重视招标答疑。仔细研读招标文件,分析出模糊和矛盾的条款,利用好答疑和澄清。三是施工单位在结合市场和公司实际的基础上报价,并确保合理价格和利润。

　　(2)公司总部要重视对项目部造价控制的指导和考核。项目部是公司在项目上的驻地机构,其代表着公司的形象,更是公司效益来源的主要创造者。公司必须设立专职的职能部门负责造价控制,对项目上的各项工作从造价角度指导工作,利用专业形式制定专门条款对各项目部造价管理进行考核并奖优罚劣。那种对项目部一味地放手的做法,最终只会断了企业发展的根基。

　　(3)配备合适的项目管理人员,提高项目管理人员造价素质。工程施工不仅是个工程技术问题,它还综合了经济与管理等为一体。项目管理者除要有市政工程的知识和经验外,还要有工程造价方面的专业知识,合理的施工组织设计、施工方案是控制投资有效的手段之一。实践中,要从若干个施工方案中选择一个技术上切实可行、施工期限能满足要求、施工质量能够保证、施工费用较低的方案。

　　(4)合理利用合同条款,增强索赔意识。在当前市政工程已是微利的情况下,实践中的常态应是"低报价、勤签证、高索赔"。承包人可以利用发包人未按约定接入临时水电、未按约定交付场地、未按约定交付管线资料、未按约定交付测量基准点、未按约定组织交底、要求赶工、合同文件有误等向发包人提出索赔。索赔成功可能成为承包人提高工程利润甚至是扭转工程亏损的关键。

　　当然,对市政工程施工过程的造价控制并不仅于以上的这些方面。面对存在的若干问题,从公司高层到项目一线人员都需要做好充足的准备,重视造价控制工作,积极寻找方案解决问题,贯彻工程项目全过程造价控制的理念,为完成项目的经济指标和盈利做好自己的本职工作。

# 参考文献

[1] 张永桃.市政学[M].北京:高等教育出版社,2006.

[2] 张旭霞.市政学[M].北京:对外经济贸易大学出版社,2006.

[3] 陈章潮,程浩忠.城市电网规划与改造[M].2版.北京:中国电力出版社,2007.

[4] 北京电力公司.电力基建工程施工工艺手册·土建、电缆沟道分册[M].北京:中国电力出版社,2007.

[5] 北京电力公司.电力基建工程施工工艺手册·电气安装分册[M].北京:中国电力出版社,2007.

[6] 江日洪.城市供配电实用技术[M].北京:中国电力出版社,2008.

[7] 河南省电力公司.城市中低压配电网建设改造技术细则[M].北京:中国电力出版社,2007.

[8] 注册电气工程师执业资格考试复习指导教材编委会.注册电气工程师执业资格考试专业考试复习指导书[M].北京:中国电力出版社,2007.

[9] 于润伟.通信工程管理[M].北京:机械工业出版社,2008.

[10] 沈其聪,李有根.通信系统教程[M].北京:机械工业出版社,2008.

[11] 李白萍,王志明.现代通信系统[M].北京:北京大学出版社,2007.

[12] 栾智慧,王树国.垃圾卫生填埋实用技术[M].北京:化学工业出版社,2003.

[13] 李建国,赵爱华,张益.城市垃圾处理工程[M].北京:科学出版社,2007.

[14] 张小平.固体废物污染控制工程[M].北京:化学工业出版社,2004.

[15] 张益,陶华.垃圾处理处置技术及工程实例[M].北京:化学工业出版社,2002.

[16] 牛冬杰,秦风,赵由才.市容环境卫生管理[M].北京:化学工业出版社 2006.

[17] 蒋建国.城市环境卫生基础设施建设与管理[M].北京:化学工业出版社,2005.

[18] 都伟.公共设施[M].北京:机械工业出版社,2006.

[19] 张启海.城市给水工程[M].北京:中国水利水电出版社,2002.

[20] 严煦世.给水工程[M].4版.北京:中国建筑工业出版社,1999.

[21] 戴慎志.城市给水排水工程规划[M].合肥:安徽科学技术出版社,1999.

[22] 王全金.给水排水管道工程[M].北京:中国铁道出版社,2001.

[23] 吴俊奇.给水排水工程[M].北京:中国水利水电出版社,2004.

[24] 孙慧修.排水工程[M].4版.北京:中国建筑工业出版社,1999.

[25] 刑丽贞.给排水管道设计与施工[M].北京:化学工业出版社,2004.

[26] 张培红,王增欣.建筑消防[M].北京:机械工业出版社,2008.

[27] 蒋志良.供热工程[M].北京:中国建筑工业出版社,2005.

[28] 赵丙锋.建筑设备[M].北京:中国水利水电出版社,2007.

[29] 焦双健,魏巍.城市防灾学[M].北京:化学工业出版社,2006.

[30] 刘兴昌.市政工程规划[M].北京:中国建筑工业出版社,2006.

[31] 李德华.城市规划原理[M].3版.北京:中国建筑工业出版社,2001.

[32] 中华人民共和国交通部.公路路面基层施工技术规范:JTG 034—2000[S].北京:人民交通出版社,2000.

[33] 中华人民共和国交通部.公路路基施工技术规范:JTG F10—2006[S].北京:人民交通出版社,2006.

[34] 吴继锋.道路工程概论[M].北京:机械工业出版社,2006.

[35] 高红宾.公路概论[M].2版.北京:人民交通出版社,2006.

[36] 王云江.市政工程概论[M].北京:中国建筑工业出版社,2007.

[37] 杜文风,张慧.空间结构[M].北京:中国电力出版社,2008.

[38] 李亚东.桥梁工程概论[M].成都:西南交通大学出版社,2001.

[39] 白宝玉.桥梁工程[M].北京:高等教育出版社,2010.

[40] 关宝树,杨其新.地下工程概论[M].成都:西南交通大学出版社,2001.

[41] 张庆贺.地下工程[M].上海:同济大学出版社,2005.

[42] 贺少辉.地下工程[M].北京:清华大学出版社,北京交通大学出版社,2006.

[43] 崔京浩.地下工程与城市防灾[M].北京:中国水利水电出版社,知识产权出版社,2007.

[44] 周爱国.隧道工程现场施工技术[M].北京:人民交通出版社,2004.

[45] 王建宇.隧道工程的技术进步[M].北京:中国铁道出版社,2004.

[46] 王毅才.隧道工程[M].2 版.北京:人民交通出版社,2006.

[47] 罗福午.土木工程(专业)概论[M].武汉:武汉理工大学出版社,2001.

[48] 夏永旭.现代公路隧道发展概述[J].交通建设与管理,2006(12):66-68.

[49] 项贻强,薛静平.悬浮隧道在国内外的研究[J].中外公路,2002,22(6):49-52.

[50] 雷响.市政工程施工中节能绿色环保技术探析[J].价值工程,2019,38(33):11-12.

[51] 王玉岭.市政工程施工现场管理存在的问题与对策[J].价值工程,2019,38(33):35-36.

[52] 杨竞.给排水施工安全及给排水工程质量控制研究[J].价值工程,2019,38(33):65-66.

[53] 郑皓.市政路桥工程测量技术要点及控制措施[J].价值工程,2019,38(33):41-42.

[54] 姜姗姗.南京市政工程智慧监管建设研究[J].山西建筑,2019,45(20):195-197.

[55] 余媛媛.市政工程建设项目中有效优化施工技术的分析[J].居舍,2019(32):82.

[56] 詹培坚.浅谈当前房屋市政工程质量安全管理中存在的若干问题和对策措施[J].居舍,2019
(32):148.

[57] 董海隆.大型市政工程施工占道区交通特性和影响分析[J].农家参谋,2019(22):174-175.

[58] 李静.积极推进 BIM 设计技术在市政工程中的应用[J].科技风,2019(31):122.

[59] 俞润.浅议市政工程施工中质量的影响因素和项目质量控制[J].科技风,2019(31):112.

[60] 黄招建.市政工程深基坑的施工工艺及质量安全控制[J].四川建材,2019,45(11):75-76.